探寻记忆的奥秘，挖掘你的大脑潜能，让你拥有非凡的记忆力

SUPER MEMORY

超级记忆法

——最有效的记忆力提升法

韩 非 编著

中国华侨出版社

记忆力在我们的日常工作、学习、生活中扮演着十分重要的角色，人类的一切学习、模仿及进步，都是以记忆为前提的。音乐家如果记不住乐谱，将无法为我们带来动听的音乐；演员如果记不住台词，将无法为我们带来优秀的影视作品；厨师如果记不住菜谱，将无法为我们带来丰盛的美食……由此可见，记忆力对于我们的重要性。

生活中，我们人人都有记忆力，但却并不是人人都拥有好记性。大部分人喜欢将"记性差"归咎于自己大脑记忆系统的不够发达，或者年龄的逐渐增长。然而事实上，造成"记忆差"的根本原因，则是你不懂得如何去"训练"你的记忆力。

相信很多朋友会对"训练记忆力"这种说法选择不相信，认为记忆力的好坏是先天所赋，与后天的训练没有太大关系。如果你要是这样想，那就大错特错了。科学证实，记忆力好坏虽然是天生，但后天的训练对记忆则有着非常重要的影响，也就是说，一个人记忆力的好坏虽然与先天有关，但如果你后天可以对自己的记忆力进行很好的"训练"，那么，你同样可以像记忆大师那样拥有惊人的记忆能力，而这，就是记忆力训练的重要性。

《超级记忆法——最有效的记忆力提升法》一书，为读者从最科学、最直观的角度去揭开记忆的神秘面纱，也为读者提供最详尽、最有效的记忆力训练方法。无论是"食疗"的营养补充，还是指尖活动的大脑训练，又或者是各种各样的记忆方法，总之让你随时随地"训练"你的记忆力。

结构上，本书从"探索记忆"、"改善记忆"、"应用记忆"、"训练记忆"四个方面有条理地为读者提供最有效的记忆力提升法，以实例列举的方式让读者从最直观的角度去掌握记忆方法。

细节上，本书针对不一样的记忆材料，分别列举了具有针对性的记忆方法，如英语单词怎样记才记得快？历史知识怎样记才记得牢？法律条文如何背才背得准？不一样的记忆材料，不一样的记忆方法，有针对性地去进行记忆训练，总之不再让你将记忆视为学习的难题。

总之，翻开这本书，就意味着你要开始一场不一样的记忆旅程，让最初对记忆"无知"的你逐渐了解记忆、学会记忆、懂得记忆，并最终善于记忆，成为人人羡慕的记忆大师。下面，就让我们跟随着《超级记忆法——最有效的记忆力提升法》，开始一场不一样的记忆训练课吧。

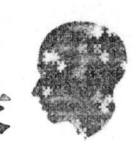

Contents 目录

第三章　应用你的记忆

第四章　训练你的记忆

第一章

探索你的记忆

　　记忆在我们的日常工作、学习、生活中扮演着十分重要的角色，一个人记忆力的好坏，往往决定着他成绩的高低，办事能力的强弱。人人都希望自己可以拥有一个好的记忆能力，可当面对繁重的记忆任务时，却又不知道该如何去提高自己的记忆力。其实，想要拥有一个好的记忆力并不是什么难事，下面，就让我们走进记忆，让记忆的训练从探索记忆开始。

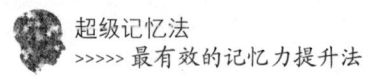
第一节　记忆的了解

▶记忆是怎样形成的

人总是可以记忆各种各样的事物，但是，人的记忆却并不是瞬间产生的，而是需要三个形成步骤，也就是三种信息处理方式：译码、储存、检索。译码就是我们的大脑将从外界所获得的一些信息进行处理与组合；储存就是将这些已经组合整理过的信息做成永久记录；检索就是将存储的信息再次取出，回应一些暗示和事件。而经历过这样三个步骤，我们的大脑才算是完成了一次记忆。

从概念上来说，记忆是一个人对过去曾发生过的活动、感受、经验的印象积累。属于人类心智活动的一种，在心理学和脑部科学的研究范畴之内。可根据记忆活动开始之前的有无目的，分成"有意识记"和"无意识记"。还可根据环境、时间、知觉等进行多种的分类。

▶我们的大脑都可以记住些什么

我们的大脑有时就像是一个无限内存的存储器，总是可以记忆各种各样的事情。那么，我们的大脑都可以记住些什么呢？主要分为这样五类：

记忆一，可以对感知过的事物有一个形象的记忆，即形象记忆；

记忆二，可以对亲身经历过的，有时间、地点、人物和情节的事件有一个清晰或模糊的记忆，即情境记忆；

记忆三，可以对自己体验过的情绪和情感有所记忆，即情绪记忆；

记忆四，可以对那些用词语概括的各种有组织的知识有所记忆，即语义记忆，也被称之为"逻辑记忆"；

记忆五，可以对身体的运动状态和动作机能有所记忆，即动作记忆。

如果没有记忆会怎样

每个人都拥有记忆的能力，它是一种基本的心理过程，与其他的心理活动也有着密切的联系。但是，你有没有设想过这样的画面：如果活在世界上的人们不再有记忆，那么这个世界会变成什么样子呢？

宏观上来说，记忆是人类进步的关键要素。如果没有记忆，就不会有我们现在的人类文明。可能 21 世纪的我们依旧会像原始人一样的生活。更不会有手机、电脑等各种高科技产品融入我们的生活。为什么这样说？举个例子，当我们在解决一个比较复杂的问题时，往往需要过去的知识和经验来帮助我们解决这个复杂的问题。而这种过去的知识和经验正是由记忆提供给我们的。如果没有记忆，我们就没办法解决问题，一个问题的无法解决，就意味着更多问题的没有答案。问题永远得不到答案，人类又怎么能发展进步呢？所以说，记忆是人类进步的关键要素。如果没有记忆，就不会有现在的人类文明。

再从人类个体心理的发展角度来说，记忆对每个人的能力提升、习惯养成、行为培养等，都有着重要的影响。拿人类发展动作技能为例，当我们进行行走、奔跑及各种劳动的时候，完成动作的前提是需要保存这些动作的经验，而保存这些动作的经验，则必须要有记忆的参与；再如，人类发展语言和思维，它的前提是必须保存词语和概念，而保存词语与概念的过程，也是需要记忆的参与。由此可见，人如果没有了记忆，就没有经验的积累，自然也就没有心理的发展、进步。

再有，记忆还连结着人类心理活动的过去和现在，是人们学习、工作及生活的基本机能。学生凭借记忆才能获取知识与技能，从而不断地增长自己的才干；演员凭借记忆才能准确地表达出自己所扮演角色的感情、语言和动作，完成一场出色的艺术表演。如果记忆一旦不再存在，那个体就什么也学不会，个体什么也学不会，这个由个体组成的整体社

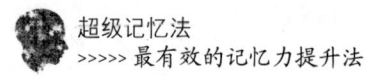
会又如何发展进步？所以说，记忆对人类社会的发展有着重要的作用，没有记忆和学习，就没有我们现在的人类文明。

▶ 我们的短期记忆都是储存在哪里的

1. 短期记忆储存的位置

我们知道，人的大脑需要经历译码、储存、检索三个步骤才能完成一次记忆，那么，你知道我们日常生活中的短期记忆，都是储存在哪里的吗？

日常生活中所形成的短期记忆储存在一个名叫"海马体"的地方。这是大脑皮质的一个内褶区，由两个扇形部分组成，主管人类近期主要记忆，有些像计算机的内存。所以一些人在海马区受伤后，会出现"失去部分记忆"或"失去全部记忆"的状况。

海马体又名"海马回"、"海马区"、"大脑海马"、"海马主体"。因为形似海马，所以被人们习惯地称之为"海马体"。

海马体是储存短期记忆的区域，但储存在海马体内的记忆也并不是永远储存在海马体内的，如果一个记忆片段（比如一个人的名字或者是一个历史事件的年代）在短时间内被重复提及的话，那么海马体就会将其转存入大脑皮层，使这段信息成为永久记忆。同时，海马体内所存储的信息也并不是听命于你主观意识的判断，"储存"或者"删除"某些信息，都是由海马体来自行处理的。比如说，存入海马区内的某些信息，如果长时间没有被使用的话，那么这些信息就会被自行"删除"，而这一现象就是我们日常生活中所说的遗忘。所以说，海马区比较发达的人，记忆力相对来说就会比较强一些。

虽然海马体内的短期记忆可以转存入大脑皮层变成"长期记忆"，但这种"长期记忆"也并不是"永久不删除"的，如果你长时间不使用这个信息的话，这个信息同样也会被大脑皮层给"删除"。

所以说，要想拥有一个好的记忆能力，经常地"复习"是必不可少的。

2. 如果没有海马体我们便失去了形成新的陈述性长时记忆的能力

如今，我们清楚地知道海马体与记忆有着密不可分的联系。但最初人们研究海马体的时候，方向却不是它与记忆之间的关系，而是对海马区与癫痫病发作的关系有着浓厚的兴趣，这主要是因为海马区在脑中为发作阈值低的部位，几乎所有癫痫患者的发作皆由海马区所起始。直到20世纪初期的时候，一个病例的报告开始让许多人想要了解海马体与记忆的关系。

当时，有一个癫痫病患者，因为长期的癫痫病症状，所以医生决定为这名患者进行手术，切除了颞叶皮层下一部分的边缘系统组织，其中包括了两侧的海马区。手术过后，这名患者的癫痫病被有效地控制，可也是从那之后，这名患者便失去了形成新的陈述性长时记忆的能力。这个发现让许多海马体的研究人员改变了研究方向，无论是神经解剖学、生理学、行为学等各种领域，研究人员都对海马体进行了相当丰富的研究，并发现了海马体与记忆的密切联系。如果没有海马体，我们便没有形成新的陈述性长时记忆的能力，也就是丧失了记忆的能力。由此可见，海马体与我们记忆的密切联系。

3. 不要让海马体受到伤害

海马体是我们短期记忆的"储存所"，如果没有海马体，那我们将会失去形成新的陈述性长时记忆的能力。所以，我们一定要好好保护好我们的海马体，不要让它受到伤害。那么，什么样的生活方式会伤害到我们的海马体呢？过量饮酒便是其中之一。下面，让我们来了解下酒精与海马体之间的微妙联系。

生活中，我们常常会参与各种各样的聚会，或是家庭聚会，或是朋友聚餐。在各式各样的聚会当中，酒自然是调节气氛的最佳饮品。觥筹交错、推杯换盏，不知不觉，我们就模糊了记忆，第二天醒来，居然完全想不起前一天究竟发生了些什么。而这醉酒期间所消失的记忆，便被

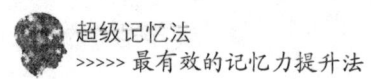
我们称之为"断片儿"。那么，为什么酒喝多了会出现这种"断片儿"的情况呢？这与海马体有着密不可分的关系。

我们知道，人的记忆可以分为瞬时记忆、短时记忆和长时记忆。顾名思义，长时记忆是我们最不容易遗忘的一种记忆，而短时记忆则是如果没有经过多次的刺激就会很容易被遗忘的记忆。任何的短时记忆都储存在海马体中，酒精的作用会严重影响海马体的功能。举个比较形象的例子，我们的大脑就好比一台比较高端的电脑，海马体充当的角色便是电脑内存储器，喝酒就好像让电脑的内存储器短路。随着人体摄入酒精量的增加，海马体的功能会逐渐减弱。如果是短时间内快速摄入了大量的酒精，便可能导致一个短时间内部分或完全的记忆缺失，而这就是为什么醉酒后的第二天，我们常常会忘掉自己醉酒期间做过什么。即，我们通常所说的"断片儿"。

不过，酒精对于大脑的影响并不会让已经建立的长期记忆遭到破坏，且醉酒的过程中，你的大脑依旧在不断地接收信息，也并没有被麻痹，没有错过任何的事情，只不过是在酒精的作用下没能形成新的记忆罢了。

小饮怡情，大饮伤身。长期过量饮酒，对我们的海马体有着严重的伤害，所以饮酒一定要适可而止，以免伤害到我们的海马体。

▶ 老师为什么让你"用心记"

上学的时候，老师总是喜欢和我们讲这样一句话："用心记才能记得快，用心记才能记得牢。"可面对老师的这句话，我们总是不以为然。其实，要想记得快、记得准、记得牢，我们在记忆的时候就要"用心"。为什么这么说呢？这是因为我们的大脑在记忆的时候分为两种方式，一种是有意记忆，另一种是无意记忆。其中有意记忆是指，有明确的目的或任务，凭借意志努力记忆某种材料的方法；而无意记忆是指，没有明确的目的或任务，也不需要意志努力的记忆方法。同时，心理学研究表明，有意记忆的效果要明显优于无意记忆的效果，所以说，要想科学、系统地掌握知识，将知识牢固地记忆在脑海里，我们必须要进行有意记忆，而这也就是为什么说，上学的时候老师总是要你"用心记"。下面，让我们通过两个事例来了解下，有意记忆的重要性。

事例一，陈正之读书

宋朝的时候有个读书人，名叫陈正之，非常喜欢看书，同时也非常勤奋，有事没事的都会拿一本书看。不过，他看书的速度非常快，通常拿起一本书就一个劲地赶着往下读，一目十行，囫囵吞枣。所以，陈正之虽然花费了大量的时间和精力去看书，但是他看书的效果却很差——读过的书都仿佛过眼云烟，很快就忘记了，有时甚至会对一本已经读过的书没有一点印象。为此，陈正之非常的苦恼，总是怀疑是不是自己的记忆力出了问题。

一次，陈正之遇到了当时著名的学者朱熹，于是陈正之便向朱熹请教读书的问题，并将自己读书的苦恼讲给了朱熹听。朱熹听后，询问了陈正之的读书方法，在了解了陈正之的读书方法之后，朱熹给了他一番忠告：当读书的时候，不要只求速度的快，要注重读书的质量。哪怕一次只读50个字，重复读上很多遍，也比一味往前赶着读的效果好。而且，读书的时候要用脑子想，要用心记，这样才能将知识牢牢地记在大脑中。陈正之听了朱熹的忠告之后，明白并不是自己的记忆力不好，而是因为自己的读书方法不得当，所以才导致自己对读过的书都没有印象。从那之后，陈正之接受了朱熹的劝告，读书的时候，每读完一段，都会想想这段书讲了些什么，有几个要点，并且留心将书中重点的内容全都记住。就这样，经过日积月累，陈正之终于成为了一个有学识的人。

通过上面的事例我们可以清楚地明白，陈正之最开始的读书方法完全是一种"不走心"的方法，也就是我们所说的"无意记忆"，这种记忆导致他看得快、忘得更快。而后来听了朱熹的劝告之后，陈正之将无意记忆换成有意记忆，改变了读书的方法，最终使自己成为了一个有学问的人。由此可见，当我们在记忆某些事物的时候，一定要有意地去记忆，

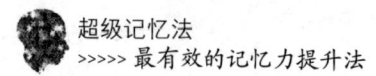
用心记忆，这样才能保证将材料记得快、记得准、记得牢。

事例二，心理实验告诉你为什么要"用心记"

为了证明有意记忆的记忆效果要远好于无意记忆，心理学家曾做过这样一个实验：他们请老师给两个班的同学布置了相同默写课文的作业，并告诉两个班的同学第二天要进行测验。第二天，老师对两个班级的同学进行了默写测验，心理学家通过对两个班级同学的成绩比较，发现两个班同学的成绩差不多。不过在测验结束之后，心理学家让老师只告诉一个班级的同学两星期后再次还要测验一次，但并不告诉另一班的同学两星期后测验的事情。

两个星期后，老师对两个班级的同学又进行了相同的默写测验，但这一次，两班同学的默写成绩却有着很大的差异。一班（得知还要测验的班级）同学的成绩要远好于二班（不知还要测验的班级）同学的成绩。且，在测验之前，一班同学也并没有再为此测验做过任何复习。

第二次的测验结果并不能说明一班同学的智商要比二班同学的智商更高、记忆更好。而之所以造成这样的成绩差异，是因为老师在第一次测验之后，告诉了一班同学两个星期之后还会进行测验，所以一班同学的大脑就会不自觉地对所记忆的内容产生了长久的记忆目标，所以，一班同学可以将知识记忆得更久一些。

这个实验再次充分说明了有意记忆的记忆效果要远好于无意记忆的记忆效果。所以说，在我们的工作、学习中，我们要养成这样一种习惯：严格地要求自己，对自己提出长久的记忆目标，这样才能使我们的记忆效果更好。

通过以上两个事例，我们可以看出有意记忆的重要性。所以说，生活中，当我们在记忆某些材料的时候，一定要"用心记"，这样才能使我们的记忆更加的牢固。

▶ 记忆中的"魔力之七"你知道是指什么吗

记忆中有一个"魔力之七",这里的"七"所指的范围很广,可以是七个汉字、七个字母,也可以是七组四字成语、七句七言诗词。那么,这个"七"到底是什么意思呢?首先,让我们从一个名词开始了解——记忆广度。

什么是记忆广度?就是指按固定顺序逐一地呈现一系列刺激以后刚刚能够立刻正确再现的刺激系列的长度。其呈现的各刺激之间的时间间隔必须相等。再现的结果必须符合用来呈现的顺序才算正确。也就是说,限定记忆广度是提升短时记忆能力的一种简单易行的方法。那么,人的记忆广度究竟为多少呢?为此,美国心理学家约翰·米勒曾对短时记忆的广度进行过比较精确的测定,并测定出正常成年人一次的记忆广度为7±2项内容,如果记忆的内容多于7项,那么记忆的效果则会受到一定的影响。而这个"7项"就是我们所说的"魔力之七"。

了解了"魔力之七"后,我们知道,短时记忆广度的大小并不是取决于所记材料的难易程度,而是取决于所记材料的数目。同样的道理,我们也可以在记忆的时候充分地运用"魔力之七"。比如,将所需要记忆的内容分在7组之内,且每组的记忆内容可以适当地加大。这样一来,总体的记忆量就会随之增大,我们的记忆效率自然就有所提高。

又比如说,当我们在记忆百家姓的时候,如果一个姓氏一个姓氏地去记忆,那么,我们就需要记忆100组。但如果记忆的时候按照"赵钱孙里"、"周吴郑王"这样的分组来进行记忆的话,则只需要记住25组。25组记忆材料与100组记忆材料相比较,自然是25组的记忆比较简单。这样一来,我们就提高了我们的记忆效率。

再有,当我们在记忆电话号码的时候,总是习惯性地将电话号码"分成段"去记忆;背诵古诗词的时候,如果诗句不超过7个字,那么我们就会感觉比较好背诵。而这些在很大程度上都是因其在"魔力之七"

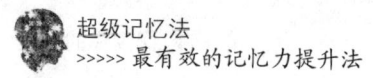
的范围内的缘故。

所以说，平常我们在记忆的时候，要充分掌握"魔力之七"的规律，从而提升我们的记忆效率。

▶ 你的记性真的好吗

人人都希望自己可以拥有一个"好记性"，而生活中，人们评判记性好坏的标准往往就是记忆速度的快慢。不过，有些人虽然背得快，但往往忘得也快。还有人虽然用最短的时间完成了背诵，可却总是错误百出。背了就忘，一背就错，即使背得再快又有什么用呢？所以说，评判一个人是否拥有一个好记性，并不只是单看他的背诵速度，还要从记忆保持时间的长短，记忆的准确程度等多方面来考虑。下面，就让我们来了解下评判一个人记性好坏的标准。

一个人记忆力的好坏，科学上我们将其称之为"记忆品质"。而判断记忆品质的好坏，我们可以从敏捷性、持久性、准确性、备用性四个方面来衡量及评价。

1. 记忆的敏捷性及提高敏捷性的方法

记忆的敏捷性体现的是一个人记忆速度的快慢，或者说，反映一个人在一定时间内所能记住事物数量的多少。曾有学者做过这样一个实验，学者让受试者们去识记一系列的图形，实验过后发现，所有受试者中，有人只需要看这些图形33次就可以全部记住，而有人却需要看75次才能将图形记住。这个实验就充分说明了人的记忆在速度方面，也就是敏捷性方面，是存在着明显差别的。那么，是什么造成了我们记忆敏捷性的不同呢？是大脑皮层中条件反射形成的速度。条件反射形成得快，记忆就敏捷；条件反射形成得慢，记忆就迟钝。

当然，每个人都希望自己的记忆力敏捷，因为这样就可以在单位时间内获得更多的知识。那么该如何提高我们记忆力的敏捷性呢？可以从以下三点开始做起：首先，平时要加强锻炼，通过锻炼而使自己的记忆力敏捷起来；其次是在记忆的时候要集中注意力；最后，充分利用头脑中原有的知识，以此来获得新的知识。也就是在旧的条件反射基础上去建立新的条件反射。通过以上三点，相信，你的记忆力一定会逐渐敏捷起来的。

2. 记忆持久性及保证持久性的方法

记忆的持久性是指一个人对所记住的事物保持的时间长短。仅仅拥有记忆敏捷性还不能被称之为"好记忆"，如果是记得快，忘得更快，那记得快也就没什么实际意义了。所以说，一个好的记忆力，还必须具备"持久性"，让所记的事物在头脑中保持长久的时间。

记忆的持久性是记忆巩固程度的体现，从生理学的角度上来说，记忆的持久性取决于条件反射的牢固性。条件反射建立得越牢固，那记忆就越持久；而如果条件反射建立得越松散，那记忆则越短暂。同时，记忆的持久性一般与"复习密度"有关。对已经记忆的事物在适当的时机进行适当的复习，使条件反射不断的强化而得到巩固，这样才能保证记忆的持久性。

3. 记忆准确性及改善准确性的方法

记忆的准确性是指对所记忆内容质量的保证。记得快、记得久，可记得却不准，显然，这样的记忆对我们依旧是毫无用处的。总是记忆不准确，那这种记忆只会在我们学习知识和积累经验的过程中帮倒忙，这就好比驾驶汽车的时候弄反了目的地的方向，即使开得再快，其结果也只能是距离终点越来越远。所以说，记忆的准确性是良好记忆最重要的特点，是保证人们获得正确知识的重要心理品质。

一般来说，记忆的不够准确与识记及遗忘的选择性有很大的关系，对于同样一件事情，人们识记的角度和识记后遗忘的角度都是完全不同的。所以说，我们在记忆的过程中，要认真、细心，这样才能保证记忆的准确性。

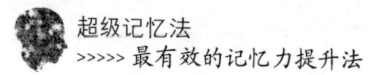
4. 记忆备用性及确保备用性的方法

记忆的备用性是指一个人能够根据自己的需要，从记忆的宝库中迅速而准确地提取出自己所需要的信息，或是能够迅速准确地从已经识记过的知识储备中，提取出自己即时所需要用到信息的能力。

记忆的备用性是判断记忆品质最重要的标准，是决定记忆效能的主要因素，也是判断记忆品质的集中体现。如果记忆没有了备用性，那么可以说，记忆就失去了存在的价值。

所以，我们在记忆的过程中，一定要仔细、认真，这样才能保证记忆的备用性。

综上所述，记忆品质的四种判断标准，它们相互之间是有机联系，缺一不可。要想具备优良的记忆品质，就必须要建立丰富、系统、精确而巩固的条件反射，不能忽视记忆品质中的任何一个方面。同样，要想检验一个人记忆力的好坏，也不能单从一个方面去判断，必须要从敏捷性、持久性、准确性、备用性四个方面去进行全面的衡量。

▶ 你想了解你的记忆力吗

你了解自己的记忆力吗？你的记忆力究竟是好还是坏呢？让我们通过以下这几个记忆测试，来帮助你了解下你的记忆力，测试下你的记忆力究竟是好还是坏。

1. 测试一，机械记忆力的评定

下面是三组数字，每组12个。你可以随便挑选任意一组数字，然后给自己1分钟的时间进行记忆。1分钟之后，再将所记住的数字全部写下来，数字的位置可以有所颠倒。写完之后，对照测试题所给出的数字，然后查看自己记忆的正确率，从而评定你的机械记忆力。

21、66、28、39、96、54、81、72、34、65、83、77；

74、93、65、79、68、31、43、98、25、48、44、66；

86、47、59、70、22、82、17、99、90、60、73、18。

【评判】

这个测试的评判标准是这样的：如果你能够准确地将 12 个数字全部正确地记住，那么，你的记忆力为超优；如果记忆的数字数量为 8～9 个，那么，你的记忆力为优等；如果能记住 4～7 个数字，那么你的记忆力为一般；如果记住的数字少于 4 个，那么你的记忆力则为较差。

2. 测试二，集中注意的记忆程度测定

以下是 100 个数字，在这 100 个数字中，数字的顺序都是被打乱的。那么接下来，请你在这 100 个毫无规律的数字中，找出 15 个连续的数字，比如说 16～30 或 11～25 等。记录你在找这些数字时所花费的时间，然后根据这个时间，可了解你在集中注意时的记忆程度如何。

12、33、40、97、94、57、22、19、49、60、63、32、77、51、71、21、52、4、9、69、17、64、53、1、72、15、54、10、37、23、27、98、79、8、70、13、61、6、80、99、25、36、55、65、31、0、45、29、56、2、5、41、95、14、76、81、59、48、93、28、35、58、18、43、26、75、30、67、46、88、20、96、34、62、50、3、68、16、78、39、83、73、84、90、44、89、66、97、74、92、86、7、42、11、82、85、38、87、24、47。

【评判】

这个测试的评判标准是这样的：如果你能在 30～40 秒内完成查找，那么，你的记忆力为优等；如果你能在 40～90 秒内完成查找，那么你的记忆力为一般；如果你完成查找的时间是 2～3 分钟，那么你的记忆力则是较差。

3. 测试三，记忆力强弱的评定（1）

下面有四个选项，请选择一个与你自己相符合的选项：

A. 你可以很轻松地将你所看到的东西都回忆出来；

B. 对于一些已经看过的东西，你在回忆的时候可能会需要一些提示。但还是能比较清晰地辨别出以前看过的东西；

C. 对于记忆过的事物，你可能大部分都已经忘记了，只对一些零碎的记忆片段有印象；

D. 你经常将一些以前记过的东西与其他一些记忆相混淆，将东西记错。

【评判】

选择 A 的人：你具有较强的记忆能力，能将所见过的事物全部清晰地记忆在脑海中，可以说是过目不忘；

选择 B 的人：你的记忆能力一般，能将看过的事物记忆在脑海中，只是图像没有那么清晰，需要一些提示才能完成回忆。但只要肯多多练习、多多记忆，就可成为"过目不忘"；

选择 C 的人：你的记忆力不是很好，总是记不住，所以需要多多在记忆上"下功夫"；

选择 D 的人：你的记忆力很差，比较混乱、模糊，很少能记住东西，所以需要多掌握一些记忆的方法，增强自己记忆的能力。

4. **测试四，记忆力强弱的评定（2）**

假设你是一位探险家，想要去太平洋的某个荒岛上去寻宝，历经了千辛万苦之后，在荒岛上发现四扇门，凭借你的感觉，你认为哪扇门之后会藏着宝藏？

A. 雕花双扇金属门；

B. 陈旧的双扇木门；

C. 沉重单扇石门；

D. 模糊的单扇毛玻璃门。

【评判】

选择 A 的人：你记忆事物的速度很快，同时，你遗忘事物的速度更快。所以说，当你在记忆事物的时候应该多用心，讲求一些方法，从而使自己的记忆能力更加的完善；

选择 B 的人：你的记忆力非常的不好，无论是对刚刚发生过的事情，还是对以前曾花费大量精力去记忆的材料，你都很难再完整地回忆出来，永远在用"好像"、"可能"等词语去"修饰"你的回忆。所以说，你应该多做一些对记忆有帮助的练习题，讲求一些记忆的方法，有效地改善你的记忆能力；

选择C的人：你的记忆力不好也不坏，对于一些普通的记忆，你可能记得快，忘得也快。而对一些自己印象深刻的事物，可能一辈子都忘不了。同时，你的记忆还有一处非常敏感的地方，就是对人物的相貌记忆的特别清晰。所以说，你该算是在记忆上有天赋的人，只要多多注重后天的培养，多讲求一些记忆的方法，那么你的记忆力就一定会突飞猛进，最终力压群雄，成为"记忆之星"；

选择D的人：你的记忆力非常的好，可以说几乎很少会有人在记忆上超越你。特别要说明的是，你在认路方面有特别的天赋，几乎没有什么路是你记不住的。同时，你记得孩提时代的事情也比一般人要记得多。所以说，你只要在记忆的方法上稍加研究，你就一定会成为一个记忆力超群的人。

5. 测试五，记忆方法的选用

这个测试是用来测试你是否会利用好的记忆方法去帮助记忆，下列题目，请结合自己的实际情况，用"是"和"否"来回答：

（1）当你记忆完一份材料的时候，你是否需要很快地再将材料重温一遍，以使自己记忆得更加牢固。（是，否）

（2）当你在记忆的时候，你是否会仔细观察所记忆的对象，并参考与其相关联的事物，使自己的记忆更加的清楚。（是，否）

（3）当你面对需要记忆的大量信息时，你是否有能力从这些信息中找出一些比较重要的部分，并对其进行单独记忆。（是，否）

（4）当你在记忆的时候，你是否会借助一些特别的方式，比如说听、说、写或者一些亲身的经历，来帮助自己加深对记忆对象的印象，使自己的记忆更加的牢固。（是，否）

（5）当你遇到一些日常生活中的琐事时，你是否会很快就将这些事情忘记？（是，否）

（6）当你在记忆一些比较枯燥的材料时，比如说字母或者数字等，你是否能较好地运用理解或者关联的方法将这些材料很快地记忆下来？（是，否）

（7）你平时是否习惯用阅读，尤其是一些精读的方式来搜寻并储存信息到大脑中吗？（是，否）

（8）工作、学习或者生活中，如果你遇到难题，你能否不去求助他人，自己将问题单独解决吗？（是，否）

（9）当你面对一件比较重要的事情时，你能否集中注意力，并告诉自己一定要将这件事情记住？（是，否）

（10）如果你对所需要记住的东西有兴趣，那么你是否想一探究竟？（是，否）

（11）当你面对众多信息的时候，你能否很快地将你所需要用到的信息找到？（是，否）

（12）当你面对一个比较复杂的事物时，你能否从中找到某些关联，或者找出各个部分的相同点和不同点吗？（是，否）

（13）当你发现你的记忆已经比较疲惫的时候，你是否会将你所需要记忆的东西转换成另外一种东西从而帮助自己记忆？（是，否）

（14）你是否已经养成了这样一种习惯：将一些有关联或者有相似点的事物归纳到一起去记忆。（是，否）

（15）你在记忆的时候，会否用一些辅助的方法帮助自己记忆？比如说利用画表格、画图样或者总结的方式帮助自己记忆。（是，否）

（16）你平时是否有随身携带笔记本以随时记录信息的习惯？或者说，你是否有写日记或者写感想的习惯？（是，否）

（17）当你在记忆某些东西的时候，你是否一定要先对这件事物进行充分的了解，然后才能将这件事物记住。（是，否）

(18) 在你记忆的过程中，你是否会用将记忆对象与其他事物相关联的方法，帮助自己更好地去记忆？(是，否)

【评判】

以上18道测试题，如果你回答越多的"是"，证明你有着一套正确的、且适合自己的记忆方法，拥有较强的记忆能力；而回答较多"否"的人，说明你的记忆方法比较欠佳，记忆力也有待提高。

通过以上五个记忆小测试，你测试出你的记忆是好还是坏呢？

当然，几个简单的测试并不能决定你记忆力的好坏，且每个人的记忆力都是有提升空间的，只要我们在记忆的时候多多讲求方法，且不断地去练习我们的记忆，那么，我们的记忆能力就会有很大的提高。下面，就让我们进一步探索记忆，了解更多的记忆知识，从而有效地改善我们的记忆能力。

第二节　记忆的遗忘

▶ 存进大脑的信息，你可以记住多久

通过前面文章对记忆的学习，我们知道，那些被我们存入大脑的信息，并不是永恒存在的，稍不留意，它可能就会消失的无影无踪。那么，这些存入大脑的信息，到底可以被我们记住多久呢？为此，科学家对记忆又做了进一步的详细研究，并根据人脑对外界信息的译码、存储及检索方式的不同，以及信息在大脑中存储时间的长短，将记忆分成了三个系统：瞬时记忆、短时记忆、长时记忆。总结了那些已经储存进我们大脑的信息，究竟可以被我们记住多久。下面，让我们来了解下这三种记忆。

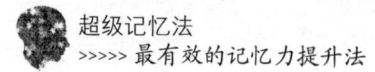
1. 瞬时记忆

瞬时记忆又被称之为"感觉记忆"或"感觉登记"。是指外界刺激以极短的时间一次呈现后，信息在感觉通道内迅速被登记并保留一瞬间的记忆。如果是在视觉上产生的瞬时记忆，就被称之为"图像记忆"，如果是在听觉上产生的瞬时记忆，则被称之为"声像记忆"。

瞬时记忆的容量很大，但是所存留的时间却非常的短。如果我们能对瞬时记忆中的信息加以注意，或者说，当我们可以意识到瞬时记忆的信息时，我们所记忆的信息就可以被转化为短时信息。相反，如果我们没有留意到瞬时记忆的话，那么，这种记忆在1秒钟之后便会消失不见，也就是我们所说的遗忘。

2. 短时记忆

短时记忆是指外界刺激以极短的时间一次呈现后，保持时间在1分钟以内或是几分钟的记忆。短时记忆中的信息是当前正在加工的信息，所以是可以被意识到的。但短时记忆的容量并不像瞬时记忆的容量那么大，它很有限。如果我们的记忆超过短时记忆的容量或插入其他活动，短时记忆就很容易受到干扰，从而发生遗忘。同时，因为短时记忆在加工信息的时候，有时需要借助已有的知识和经验，那么这个时候，就要从长时记忆中将已经存储的知识经验提取到短时记忆中来。所以，短时记忆中既有从瞬时记忆中转化来的信息，也有从长时记忆中提取出来的信息，而这些信息又都是正在加工的信息，所以，短时记忆又被称之为"工作记忆"。如果我们将短时记忆的信息经过复述，或是机械复述，或是运用记忆术作精细复述，那么，这些信息便可转入长时记忆系统，成为长时记忆。

3. 长时记忆

长时记忆是指外界刺激以极短的时间一次呈现后，保持时间在1分钟以上的记忆。而且，长时记忆的容量无论是信息的种类还是数量，都是无限的。但是，长时记忆中存储的信息，如果不是有意回忆的话，人们是不会意识到的，只有当我们需要借助一些已有的知识经验时，一些在长时记忆中存储的信息才会被提取到短时记忆中，才会被人们意识到。而且，长时记忆也会有遗忘，或是因为自然的衰退，也可能是因为一些干扰所造成。

所以说，要想记得牢、记得久，就需要经常复述我们已经记忆过的信息，这样信息才不会被自动删除，永远存留在我们的大脑中。

▶ 你为什么总是"记不住"

日常生活中，我们身上常常会出现这样的现象：明明是一件已经学习或者经历过的事情，可一段时间之后，却怎么也记不起来了。这是怎么回事呢？这还要从人类记忆的五个阶段开始了解。

人的记忆分为五个阶段：识记、保持、再认、回忆和遗忘。

笼统些说，"识记"就是将我们已经经历或者学习过的事物进行编码、组织，最终储存进我们的记忆系统中；"保持"就是让这些经历或者学习过的事物在脑海中保留一段时间；"再认"是指当一些感知过的事物再次重新出现在我们眼前时，我们可以准确地识别出来；"回忆"是指这些感知过的事物即使不在我们眼前，我们也可以在脑海中回想起来；"遗忘"便是对过去那些已经经历过的事物不能进行再认或者回忆，或是在记忆的过程中产生了错误的再认或回忆。

从生理学上来说，人的记忆能力是非常惊人的，它可以贮存 10^{15} 比特字节的信息，但生活中，我们大多数人的记忆宝库却没被真正挖掘，还有很多的记忆发挥空间。造成这种情况的原因是因为大多数人都没能掌握一些好的记忆方法，所以对一些认知过的事物产生了遗忘或者错误的再认。当然，虽然并不是人人天生都拥有一个好的记忆力，但好的记忆力是绝对可以后天培养的。所以说，要想拥有一个好的记忆能力，就要不断地探索记忆的方法，不断地为我们的大脑提神，从而提升我们的记忆能力。

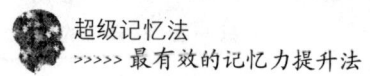
你为什么会忽然"想不起来"

1. 生活中遇到的那些"想不起来"

日常生活中，我们常常会遇到这样几种"想不起来"的状况：

状况一，有一天，你正在街上走，忽然见对面走来了一位老友，你热情地走上前去打招呼，可尴尬的是，你居然无论怎样都想不起老友的名字是什么了，或许等老友走了之后你才忽然想起老友的名字是什么。

状况二，假设你是一名优秀的话剧演员，你在你熟悉的舞台上总是能表现的得心应手。但有一次，因为表演需要，你来到了一个完全陌生的舞台，虽然表演的是你最熟悉的剧本，可你却在这一次的表演中忘词了，感觉台词就在嘴边，却无论怎样都想不起台词的内容是什么了。等到演出结束之后，你才回忆起台词的内容是什么。

状况三，考试的时候，一道非常简单、熟悉的题目映入你的眼帘，你欣喜自己才在不久之前练习过这个题目，可当你动笔准备解答的时候，却怎样也想不起解答这道题的公式是什么了。等到考试结束之后，才突然想起答案是什么。

以上三种状况，在心理学上被称之为"舌尖现象"，简称"TOT"。这种现象是指当我们正在对某些问题进行解决的过程中，明明感觉答案就在嘴边，甚至能够清晰地感觉到答案的存在，可我们就是没有办法将答案完整地说出口，或将答案加以具体的描述。这也就是我们常说的"忽然想不起来了"。

2. 为什么会产生"忽然想不起"这种状况

那么，我们为什么会对一些熟悉的事物"忽然想不起"呢？换句话说，舌尖现象产生的原因是什么呢？

其实，产生舌尖现象主要是因为大脑对记忆内容的暂时性抑制所造成的，而这种抑制来自于多方面。比如说，对有关事物的其他部分特征的回忆掩盖了所要回忆的那部分特征，导致我们"话到嘴边却说不出口"；再比如，回忆时的情境因素以及自身情绪因素对回忆产生了干扰，使我们产生了瞬时遗忘等。

再详细点说，我们知道，记忆需要三个形成步骤：译码、储存、检索。在记忆的过程中，我们的大脑就像是电脑一样，首先将外界学习的材料自动编成形码、声码和意码，然后再将这三种码分别放到大脑组织中不同的部位去储存。当我们需要回忆的时候，大脑便将这三种码分别从三个不同的部位提取出来，解码后再联结出原来的形象、名称和意义。而在这个过程中，如果任何一个环节出现了问题，我们的记忆都会随之受到影响。如果在检索过程中，形、声、意码中某一种码无法检索出或三者检索后无法联结，记忆中的物体就会变得不完全，就像是一个有四个腿的桌子，因为在制作的环节出现了某些意外，导致桌子成了三条腿、两条腿。而导致这种记忆不完全的意外，就是"忽然想不起"的产生原因。

3. 总是"忽然想不起"，是记忆力下降的表现吗

生活中，当我们遇到"忽然想不起"的状况时，总是会拍着自己的脑袋抱怨自己的记忆力越来越差了。其实，发生这种现象的本质就是我们在回忆的过程中出现暂时性的遗忘，仅仅是记忆的一种特殊现象，与我们的记忆力是否下降没有任何的关系，更不用担心这种情况属于某种病态。

4. 为什么在紧张的时候最容易出现暂时遗忘

生活中，你一定遇见过这种情况：你报名参加一个演讲比赛，并为这个比赛做了充分的准备，甚至连续几天都不出门，待在家背诵演讲稿。

比赛当天，你已经将演讲稿背诵的滚瓜烂熟，并自信满满地来到了赛场。可到了赛场之后你发现，赛场的观众出奇的多，为此，你非常紧张，面对如此多的观众，你在演讲的舞台上开始多次出现"忘词"、"背错"等现象。明明是已经背熟的演讲稿，为什么偏偏在比赛当天出现了遗忘？

其实出现这种现象的原因很简单，因为我们的记忆在编码的过程中，情境因素也会同时被编进和储存，所以我们往往在相同的情境中比较容易回忆检索，而在陌生的情境中检索相对来说就会比较困难，"舌尖现象"就比较容易发生，同时，紧张等情绪也是导致产生"舌尖现象"的一个重要原因。

所以，当我们在试着回忆某些事情的时候，要将身心放轻松，消除抑制，那么，"舌尖现象"自然就会消失，忽然想不起来的东西也会慢慢回忆起来。

5. 如何克服经常"忽然想不起"的毛病

有些人会经常出现"忽然想不起"的状况，而这种状况其实是可以克服的。下面，让我们了解几种克服"忽然想不起"这种毛病的方法。

方法一，对于一些知识的记忆，要扎实、稳重，最好形成知识网格，方便回忆；

方法二，在回忆的时候要调控好自己的情绪，保持冷静，身心放松，这样才能更好地回忆；

方法三，找到一些方便自己回忆的联想"中介"。比如说，你在记忆一篇文章的时候手里一直握着一个硬币，而当你再次回忆的时候，也完全可以手里握着一个硬币，将硬币视为一个提供联想的中介，这样更有助于回忆；

方法四，尽可能地去努力回忆，一定会再想起来；

方法五，适当地转移注意力，有助于回忆。

6. 如果在考场上出现"突然想不起"的情况怎么办

对于学生来讲，考场上突然出现"想不起来"的情况，则是在考试中遇到的最糟糕的事情了。那么，如果我们在考试中一旦遇到"记忆堵塞"的情况，不妨让我们来尝试以下几种解决的方法：

方法一，保持镇静。

我们知道，紧张的环境更容易造成我们的记忆堵塞，所以说，当我们在考场中遇到这种情况的时候，最好的解决方案，同时也是最简单的解决方案，就是要保持镇静。

首先，要学会调整自己的呼吸率。先慢慢呼吸，然后不断地对自己说"放松"。当完成了缓慢呼吸之后，再去考虑你正在努力回忆的问题，或许这时你就会忽然想起。如果仍旧不能回忆起来的话，那么就先将这道题搁置，去做别的题目，可能过段时间再回头看这道题的时候，就会想起来答案了。

方法二，联想。

在考场中克服记忆堵塞的另一种解决方法就是联想。

当在考试中遇到记忆堵塞的时候，不妨静下心来回忆下老师在讲课时的情景，或者也可以回忆下自己在记笔记或复习笔记时的情景，并努力回忆与发生记忆堵塞问题有关的论据和概念。这时，你要将你所回忆出来的内容全部都记下来写到草稿纸上，然后看自己能否从这些回忆出的知识点中挑选出一些有用的材料或者线索，从而帮助自己回忆。如果你费尽心机也没有办法从中找出任何的联系，那么，这时你就可以借助"换位思考"，想象自己是考卷的出题人，想象试卷的题目会从怎样的角度出，考查的是对哪个知识点的掌握。慢慢地，你就会联想出试题的答案。

方法三，利用试卷上的其他试题帮助自己回忆答案。

如果前两种方法都没有办法帮你很好地解决记忆堵塞，那么，你不妨试试第三种解决方法——利用试卷上的其他试题帮助自己回忆答案。

我们知道，知识与知识之间都有着一定的关联，而在标准化的考试中，每一道试题都绝对不可能是一个独立的个体，后面的试题很有可能会为前面的试题提供某些记忆的线索，所以当你在考试中遇到记忆堵塞的情况，不妨试着去从后面的试题中找到些答案的"灵感"。当然，这里需要提醒的是，当我们在利用别的试题为自己寻找"答案灵感"时，头脑中要始终记着发生记忆堵塞的试题，如果在后面恰巧遇到了一个与之相关或有些联系的知识点，就要仔细看其是否能够给你提供一些线索或启发，从而帮助你很好地解决试题。

综上所述，以上三种方法可以很好的帮助我们解决在考试中遇到的"记忆堵塞"。不过，这里值得指出的是，考试中发生的"记忆堵塞"，其产生的根本原因就是对考试的准备不足，所以说，治疗考试中"记忆堵塞"的最好办法也是预防，即，为了减少发生"记忆堵塞"的可能性，我们在考试之前要进行充分的、有规律的复习，这样才能大大降低"记忆堵塞"在考试中发生的概率。而且，考试的时候保持一颗平常心，也是减少"记忆堵塞"发生的好办法。

▶ 遗忘事物的规律通常是怎样的

记忆力再好的人也会出现遗忘的状况，那么，记忆的遗忘是什么时候开始的？怎样才能减少遗忘呢？遗忘与记忆的时间有关吗？针对这些问题，德国著名心理学家艾宾浩斯对记忆的保持规律作了重要研究，并绘制出了著名的"艾宾浩斯遗忘曲线"。下面，就让我们了解下记忆的遗忘规律是怎样的。

1. 遗忘的规律是怎样的

首先，让我们从一组研究数据开始了解记忆的遗忘规律。

	记忆保持的百分比	记忆遗忘的百分比
20分钟	58%	42%
1小时	44%	56%
8小时	36%	64%
1天	34%	66%
2天	28%	72%
6天	25%	75%
31天	21%	79%

通过这组数据我们可以发现这样一个现象，我们遗忘速度最快的时间区段是 20 分钟（遗忘 42%）、1 小时（遗忘 56%）、24 小时（遗忘 66%）；2～31 天遗忘率比较稳定，在 72%～79% 之间。由此我们可以看出，遗忘的规律是先快后慢。

2. 通过记忆的遗忘规律找到最佳的复习时间

通过实验数据我们可知，遗忘规律是先快后慢，而记忆材料后的 24 小时内，是遗忘率比较大的。这也就是说，在我们学习完新的知识之后，前 24 小时是复习的最佳时间，最晚不要超过 48 小时，因为在这个时间段内，只要我们稍加复习，就可恢复记忆，而如果过了这个时间段，我们就已经遗忘掉 72% 的材料了，所以复习起来就相对困难些，"事倍功半"。

这个遗忘规律同时也解释了一种现象，就是当我们在复习一些已经学习过的知识时，往往会产生一种错觉——仿佛这个知识从来没有学习过。这正是因为复习间隔时间太长而导致的。所以说，在学习完新的知识后，一定要及时复习，从而将知识牢记于脑中。

3. 睡前醒后是记忆的黄金时段

为什么说睡前醒后是我们记忆的黄金时段，这还要从大脑遗忘的两种现象解释。

第一种现象：前摄抑制，即先摄入的信息抑制后摄入的信息。造成这种现象的原因是，当我们在记忆的时候，先摄入大脑的内容会对后摄入大脑的信息产生干扰，使大脑对后接触的信息印象不深，所以产生遗忘，这种遗忘现象被称之为"前摄抑制"；

第二种现象：后摄抑制，这种遗忘现象与前摄抑制完全相反，是后摄入的干扰，抑制先前摄入的。造成这种遗忘现象的原因是我们的大脑在接受了新内容后，将前面所记忆过的内容忘了，新信息干扰旧信息，所以产生遗忘。

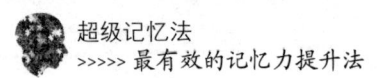
针对这两种遗忘现象，我们完全可以利用睡前和醒后这两段时间进行记忆。

睡前的这段时间我们可以主要用来复习白天或者以前学过的一些知识。我们知道，根据遗忘规律，对于在 24 小时内接触的信息，我们能保持 34％的记忆，只要稍加复习便可恢复记忆。由于睡前的这段时间不受后摄抑制的影响，所以我们这个时间段所识记的材料比较容易储存，会由短时记忆转入长期记忆。同时，科学研究表明，即使是在睡眠过程中，我们的记忆也仍旧没有停止，大脑会对刚接受的信息进行归纳、整理、编码、储存，所以说，睡前这段时间是非常宝贵的记忆时间段。

为什么说醒来后也是记忆的黄金时间段呢？这是因为早晨醒来后，我们的大脑不会受到前摄抑制的影响，在记忆新内容或者复习旧内容的时候，使我们的大脑一上午都会对这个内容记忆犹新。

综上所述，睡前和醒后是记忆的黄金时间段，千万不要将这段时间浪费掉。如果我们能充分运用睡前和醒后的这段时间，那么，记忆一定是事半功倍。

4. 及时复习、不断复习才能抑制遗忘

要想使记忆不出现遗忘，唯一的办法就是不断地去复习，去对记忆加深印象。

我们知道，记忆是大脑皮层形成暂时神经联系的过程，如果建立起来的神经通路不畅通，那么，原来在大脑中保留的痕迹就会逐渐消失。而复习就是对大脑中的痕迹进行不断的刺激，及时复习就是在第一次痕迹未完全消失时，紧接着进行第二次、第三次重复刺激。重复刺激的次数越多，痕迹就越深，我们的记忆就越深刻，越不容易出现遗忘。同时，重复的时间越及时，我们在复习的过程中所花费的时间就越少，费力也越小，记忆的效果就会越好。且，根据艾宾浩斯遗忘曲线我们可知，遗忘的规律是先快后慢，特别是在识记后的短短 48

小时之内，遗忘率高达 72%。由此可知，复习一定要及时，隔几小时就复习与隔几天再复习根本不是一回事，所以，及时复习、不断复习才是抑制遗忘的最佳办法。

5. 哪些事物比较容易遗忘

对于不同事物，我们的记忆效果也是不一样的，那么，哪些事物是比较容易遗忘的呢？下面，让我们来了解下。

易遗忘事物之一，细微的事物往往更容易遗忘。

当我们在记忆一件事情的时候，往往细微的环节比较容易遗忘，时间的骨架支柱反而不容易遗忘。所以说，我们在学习新知识的时候，要学会列大纲，总结大纲，从宏观上去掌握所学内容的框架、结构、条理及大体意义。从而帮助我们记忆，减少遗忘。

易遗忘事物之二，不理解的事物易遗忘。

对于一些没有意思，或是我们不理解含义的内容，我们在记忆完之后，更容易出现遗忘的现象。而这也就是为什么说，当我们在记忆一件事情之前，一定要对这个事物进行充分的了解。同时，针对一些没有什么意思的内容，我们在记忆的时候可以创造性地赋予其含义，从而帮助我们记忆。

易遗忘事物之三，不感兴趣的内容易遗忘。

针对没有兴趣的事物，即使我们死记硬背记忆下来了，也会很快就遗忘。所以说，兴趣是最好的老师，同时也是最有效的记忆。

易遗忘事物之四，一次记忆过多内容易遗忘。

在记忆的时候，不要一次性记忆太多的事物，这样不仅容易产生遗忘，而且还容易导致记混、记错的现象。所以，我们在学习或者记忆的时候，要注意知识的交替学习。

易遗忘事物之五，中间材料容易遗忘。

当我们在记忆一段材料的时候，往往材料的中间部分比较容易出现遗忘，而开头和结尾比较容易记忆。这主要是因为前摄抑制和后摄

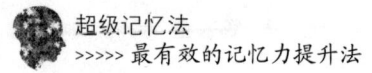
抑制的影响，所以说，当我们在记忆一段材料的时候，可以对所记忆的内容进行分段，形成多个"开头"和"结尾"，以便增强我们的记忆效率。

综上所述，我们对记忆的遗忘规律了解之后，就应该学会在"对的时间"进行复习、巩固，从而加深记忆的印象，使记忆更牢固。

第二章

改善你的记忆

当你充分地了解了你自己的记忆之后，你是否已经开始迫不及待地想去改善自己的记忆能力了呢？下面，就让我们走进记忆的宫殿，探索那些最高效的记忆方法，找到增强记忆力的最有效途径，从而改善我们的记忆能力，轻松地让自己成为人人羡慕的记忆大师。

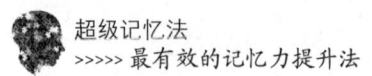
第一节　教你最高效的记忆方法

▶ 充分发挥你的想象力：联系记忆法

记忆的方法有很多种，其中较为广泛运用的就是充分发挥你的想象力，即我们所说的"联想记忆法"。

所谓联想记忆法，就是通过联想的方法来增强记忆的效果。一般来说，人类的大脑在接受某种刺激的时候，脑海里会不自觉地浮现出与这种刺激有关的事物形象，我们将这种心理过程称之为"联想"。针对一些互相接近的事物、相反的事物、相似的事物之间，我们的大脑更容易对其产生联想，所以说，运用联想去帮助记忆，是一种非常实用的记忆方法。正如美国著名的记忆术专家哈利·洛雷因所说："记忆的基本法则是把新的信息联想于已知事物。"那么，"联想记忆法"的应用可被分为几种方法呢？我们在记忆什么事物的时候可以应用联想记忆法呢？下面，让我们逐一来了解下。

1. "联想记忆法"的几种具体方法

"联想记忆法"是一个比较广义的概念，为了方便理解和运用，我们将这种记忆方法分成几种具体方法来分别学习。

（1）接近联想法的含义及适用范围

接近联想法就是将我们大脑记忆库中的材料整理成一定的顺序，这样一来，我们的记忆就变得清晰很多，自然也就帮助了记忆。

在记忆两种或两种以上的事物时，如果这些事物在时间或空间上很接近，当我们在回忆这些事物的时候，只要想起这些事物的一部分，便会接着回忆起另外一部分，由此再想到其他。这便是"接近联想法"。

举个事例来说，当我们看到一个单词的时候，感觉这个单词前几天才刚刚看到过，可就是忽然想不起是什么意思了，那么，我们就这样引导自己：这个单词是在什么书上看到的？大约写在了书上的什么位置？单词后面又写了什么单词？这样一来，通过反反复复的联想，我们便可以回忆起这个单词的意思。而这，就叫作"空间上的联想"。

再者，还有一种叫作"时间上的联想"。比如说，有一天，一个人在一本书上看到一个非常好笑的故事，于是他将这个故事讲给了他的朋友听。朋友听了故事之后也很感兴趣，于是就问这个人故事是在哪本书上看到的，自己也想亲自看一下。可这个人竟一时想不起自己是在哪本书上看到的了，怎么办？此时，这个人便可以这样回忆：前一天晚上自己在书上看到了一个很有趣的故事，看完了之后自己还高兴了很久，是一本童话故事。因为自己是前天晚上看到的这则故事，而家中除了《格林童话》，其他童话故事书都在前天上午就归还到图书馆了。就这样，这个人回忆起了自己的故事是在《格林童话》上看到的。而这种记忆的方式，就是通过"时间上的联想"。

（2）相似联想法的含义及适用范围

相似联想法就是将记忆的材料与自己已经体验过的事物进行连结，当有两种事物很相似的时候，我们常常会从一个事物上引起对另一事物的联想。虽然这种记忆的方法听起来有些"可笑"，然而事实证明，这种记忆的方法反而比一般的记忆方法更加有效。

举个事例来说，中国汉字繁多而复杂，即使反复记忆也很容易遗忘。但如果我们在学习的过程中，稍微地运用一些方法，那么，记忆汉字就会容易很多。我们将字形、字音相近且能互相引起联想的字编成一组一组的，如："扬、肠、场、畅、汤"放在一起，"情、清、请、晴、睛"放在一起。这些汉字的右边都是相同的字，且每组字的汉语拼音也有着一定的共性（前一组的汉语拼音后面都是"ang"，后一组的汉语拼音后面都是"ing"），通过这样的方法，我们在识汉字的过程中，就会学得快、记得牢。

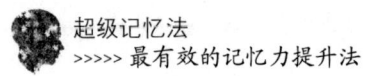

（3）对比联想法的含义及适用范围

对比联想法就是对各种知识进行多种比较，抓住其特性。因为当人们看到、听到或者回忆起某一事物的时候，往往就会不自觉地联想到与其相对的事物，所以运用"对比联想法"，可以有效地帮助我们记忆。

举个例子来说，很多诗句或者对联很容易记忆，这就是因为其中的字、词都是按照对仗的规律写出来的。如唐朝诗人王维的《使至塞上》一诗中："征蓬出汉塞，归雁入胡天。大漠孤烟直，长河落日圆。"因为对仗工整，所以我们很容易记住第一句便想起第二句。而这正是对比联想法的魅力。

（4）功能、属性联想法的含义及适用范围

功能、属性联想法，顾名思义，就是从事物的功能及属性的角度去进行联想。举例来说明，当你看到电视机的时候，可能就会联想到你最近正在看的某个综艺节目；或者，当你看到学校的时候，你就会马上联想到课桌。这种联想的方法在不知不觉间就扩大了我们的记忆量，从而方便了我们的记忆。

（5）组合联想法的的含义及适用范围

组合联想法就是当看到两个或者两个以上事物时，脑海里会联想出一种事物，从而方便了记忆。比如说，当我们看到沙发和床的时候，就会联想到沙发床；当我们看到录音机和笔的时候，就会联想到录音笔。所以说，当我们在记忆两种之间有着某种联系的事物时，就可以充分发挥组合联想法，从而方便记忆。

以上就是五种联想记忆法的具体方法，我们在记忆的时候，可以选择一个最适合自己的方法，从而方便记忆。

2. 当易混淆时间顺序的历史事件遇到联想记忆法

我们在学习历史知识的时候，往往最头痛的就是去记忆那些历史事件的发生顺序，一个不小心，就容易将其搞混淆。那么，这个时候，我们便可以充分去发挥联想记忆法的特点。

举个例子来说明，在我国历史上，在汉代的时候曾发生过三次比较大规模的农民起义，分别是公元 17 年发生的绿林起义、公元 18 年发生的赤眉起义、公元 184 年发生的黄巾起义。要如何记忆，才不致将三次起义的发生顺序弄混呢？

首先，我们来仔细观察下三个起义的名称：绿林起义、赤眉起义、黄巾起义。三个名称里分别包含三种颜色。绿林起义为"绿"，赤眉起义为"红"，黄巾起义为"黄"。接下来，我们便可将这三种颜色与枫叶联想到一起。枫叶在春、夏时为绿色，即最先发生了绿林起义；到了秋天，枫叶颜色变成红色，即发生了赤眉起义；最后到了冬天，枫叶颜色变黄，即发生了黄巾起义。

就这样，我们通过对三个起义的名称与枫叶的颜色进行联想，轻松地记忆了三次起义发生的先后顺序。

3. 记不住的地名，联想记忆法帮你轻松搞定

在学习世界地理知识的过程中，各样各样的地名让我们有些摸不着头脑，而记忆这些地理名称，更是难上加难。尤其是那些又长又复杂的外国城市名称，就好像是中国汉字的随机排列组合，生硬地抛给我们强行记忆。不过这时，联想记忆法完全可以帮你轻松搞定。只要你肯充分发挥你的想象力。

举个例子来说，智利，我们可以将其想象成是"智力"，一个非常聪明的国家。它的首都是"圣地亚哥"，如何记忆呢？我们可以将其理解为"胜弟亚哥"——一个人的智力虽然胜过了他的弟弟，却还不如自己的哥哥。

这样一来，我们是不是就轻松地将这个复杂的城市名称记住了呢？而且，想忘都忘不了。而这就是联想记忆法的魅力之处。

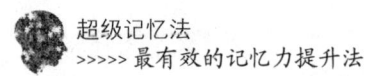

▶ 让多种感知觉参与你的记忆：多通道记忆法

记忆的方法并不单一，就像记忆的途径也很丰富，所以说，让越多种的感知觉来参与你的记忆，那么你就会记忆得越快、越准、越久。而这，便是多通道记忆法。

从概念上来说，多通道记忆法是一种由多种感知觉参与的记忆方法。当我们要开始记忆一些信息的时候，我们需要清楚，记忆这些信息的"通道"往往不止一条，有视觉、听觉、触觉、嗅觉、动觉等。将这些感知觉通通运用上，这种记忆的方法远比单通道的记忆方法要强很多。

那么，为什么多通道记忆法可以使我们的记忆力变强大呢？据现代科学研究表明，人类如果单纯的从视觉上获得外界知识，可以记住 25%；如果单纯的从听觉上获得外界知识，可以记住 15%；而如果将视觉和听觉结合起来去获得外界知识的话，可以记住 65%。而这，也正是多通道记忆法的科学运作原理。

有这样一个事例。某中学的一位老师，曾做过这样一个实验。这个老师用三种方法让三组同学记住 10 张画的内容。对第一组同学，这位老师只是告诉他们 10 张画上都画了什么，并没有给他们看画上画了什么内容。也就是说，第一组同学获取知识，只有听没有看；对第二组同学，这位老师只是让他们看 10 张画上都画了什么，但并没有为同学们做任何的讲解。也就是说，第二组同学获取知识，只有看没有听；对第三组同学，这位老师既让同学们看了画的内容，又为同学们做了详细的解说。也就是说，第三组同学获取知识，既有看又有听。

一段时间过后，这位老师问三组同学，分别记住了 10 张画上的多少内容。结果经过调查整理发现，第一组同学记住的最少，只记住了 10 张画的 60%；第二组同学记住的稍多，记住了画内容的 70%；第三组同学记住的最多，记住了画内容的 86%。

由此可见，仅仅是两种感觉器官的并用，记忆效果就比只用其中一种好得多。那么，如果我们将所有的感觉器官一齐调动起来，那记忆的效果岂不是会更好？而这便是"多通道记忆法"的妙用。

运用谐音记得牢：谐音记忆法

要想将信息记得牢靠，那么我们就要尽可能地使我们的记忆深刻。如何使得记忆更加深刻呢？运用谐音是一个不错的选择。

运用谐音来帮助记忆的方法被称之为"谐音记忆法"，这种记忆方法主要是针对一些相互之间不易找出有意义的联系的事物，如历史年代、统计数据等。当我们在记忆这类事物的时候，我们完全可以利用谐音记忆法来帮助记忆。谐音记忆是充分地利用谐音加某种外部联系，这样的记忆方法便于贮存，使繁琐的记忆变得简单、方便。

举个例子来说，在学习历史知识的时候，会觉着记忆历史年代是一件非常苦恼的事情，不容易记住，而且还很容易发生混淆。于是，一些聪明的人就学会了利用谐音来帮助记忆历史年代。比如，甲午战争爆发于1894年，根据谐音，1894，"一把揪死"。这样一来，不易记忆的历史年代，就变得很容易记住了。

当然，谐音记忆法也并不是适用于记忆任何材料，它只适合于帮我们记忆一些抽象、难记的材料。

下面，就让我们从一个圆周率记忆的事例来了解下谐音记忆法的魅力所在。

我们知道，圆周率是我们在计算一些几何问题时常会用到的一个常数，然而，由于圆周率小数点后面位数比较长，数字与数字之间又无任何的规律，所以要想将这串数字准确无误地记忆，似乎是一件非常困难的事情。

于是，聪明的中国人就充分运用了谐音记忆法来帮助我们记忆圆周率。下面，让我们来看下圆周率小数点后面一百位，是如何通过谐音记

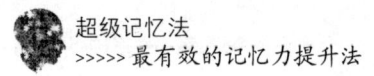
忆法来记忆的。

首先，我们设想这样一个情景，有一个酒徒在山寺狂饮，后来醉死在山沟中，从而引出了前三十位的小数：

山巅一寺一壶酒（3.14159），儿乐（26），我三壶不够吃（535897），酒杀尔（932）！杀不死（384），乐而乐（626），死了算罢了（43383），儿弃沟（279）。

再设想，后来这位醉死在山沟中的酒徒的父亲知道了自己儿子的死讯，根据这位伤心父亲的心情，我们又记忆了 15 位小数：

吾疼儿（502），白白死已够凄矣（8841971），留给山沟沟（69399）。

接着设想，因为老父亲悲痛欲绝，所以决定去山沟中寻找自己的儿子，故，我们又记忆了 15 位小数：

山拐我腰痛（37510），我怕你冻久（58209），凄事久思思（74944）。

最后，老父亲在山沟中将自己的儿子找到，并想尽办法将其救活了，苏醒过来的儿子迷途知返，我们又记忆了 40 位小数：

吾救儿（592），山洞拐（307），不宜留（816）。四邻乐（406），儿不乐（286），儿疼爸久久（20899）。爸乐儿不懂（86280）。三思吧（348）！儿悟（25）。三思而依依（34211），妻等乐其久（70679）。

就这样，我们通过一个简短且有趣的小故事，轻松记忆了圆周率小数点后面的一百位小数：3. 14159265358979323846264338327950288841971693993751 05820974944592307816406286208998628034825342 1170679。

而这，便是谐音记忆法所带给我们的记忆魅力。

▶ 顺口才能记得快：口诀记忆法

想要记得快，那就将所要记忆的内容编成口诀，这样一来，我们可能读着读着，就将需要记忆的内容牢记在脑海中了。我们将这种运用编口诀来记忆的方法称之为"口诀记忆法"。

口诀记忆法是将需要记忆的材料编成口诀或者押韵的句子，从而帮助我们提高记忆的效果。这种记忆方法的运作原理是：缩小记忆材料的绝对数量，把记忆材料分成组块来记忆，加大信息浓度。这样一来，我们在记忆的过程中，不仅可以减轻大脑的负担，同时还为记忆增添了不少的趣味性，且记得牢、记得准，不容易发生遗漏。

为什么口诀记忆法可以方便我们的记忆呢？根据心理学的研究表明，我们人类的记忆是以"组块"为单位的，什么叫"组块"？一个字可以被称之为"组块"，一个词可以被称之为"组块"，一个句子也可以被称之为"组块"。而且每一个组块内的信息量多少是相对的，组块内部的信息并不独立，相互之间有联系，如果我们善于将所要记忆的材料分成适当的组块，那么，就可以大大提高我们记忆的效果。而口诀记忆法正是符合组块规律的一种记忆方法。同时，心理学实验还表明，一个含有80个汉字的歌谣（或口诀），我们读上8遍之后就可以达到背诵的效果，而同样数目但意义、语音不连贯的汉字所组成的段落，我们需要读80遍才能记住。于是，根据这样的道理，我们就可以将一些记忆内容编成歌谣（或口诀），方便记忆。下面，让我们来了解下一些利用口诀来帮助记忆的知识。

1. 你会背"二十四节气歌"吗？

口诀记忆法有着很广泛的应用。比如中国的"二十四节气歌"，它之所以可以在劳动人民中间世代相传，且一直富有强大的生命力，正是因为它的文字顺口，有韵律，方便了记忆。下面，就让我们来感受下"二十四节气歌"，相信你在看过几遍之后，一定能流利地将它背诵下来，不信你就试试看吧。

《二十四节气歌》

春雨惊春清谷天，

夏满芒夏暑相连。

秋处露秋寒霜降，

冬雪雪冬小大寒。

上半年来六、廿一，

下半年是八、廿三。

每月两节日期定，

最多相差一两天。

2. 标点符号顺口溜

生活中，很多人不能够准确地运用各式的标点符号，而繁琐的"标点符号使用法"又为我们的记忆增添了不少的负担。那么，这时我们便可以利用"口诀记忆法"来帮助我们学习、记忆各式标点符号的运用，让你用一分钟的时间就学会标点符号的正确使用方法。

《标点符号顺口溜》

一句话说完，画个小圆圈（句号）；中间要停顿，小圆点带尖（逗号）；并列词句间，点个瓜子点（顿号）；并列分句间，圆点加逗号（分号）；疑惑与发问，耳朵坠耳环（问号）；命令或感叹，滴水下屋檐（感叹号）；引用特殊词，蝌蚪上下蹿（引号）；文中要解释，两头各半弦（括号）；转折或注解，直线写后边（破折号）；意思说不完，点点紧相连（省略号）；特别重要处，字下加圆点（着重点）。

通过以上两个例子，你是不是已经感受到了口诀记忆法的魅力之处了呢？

不过，当我们在利用口诀记忆法来帮助我们记忆的时候，需要注意这样一件事情，我们在运用口诀记忆法的时候需要根据实际情况加以运用，如果一些口诀并不是很容易编，记忆的对象不经常用，或是所记忆的东西很简单，完全可以利用其他记忆方法来帮助我们记忆，那么，我们就完全没有必要通过编口诀的方式去记忆了。

▶ 将记忆转成图像，印在你的脑海里：图像记忆法

1. 图像记忆是目前最合乎人类大脑运作模式的一种记忆方法

图像记忆法是目前最合乎人类大脑运作模式的一种记忆方法，为什

么这么说呢？这是因为我们人类在随着年龄的不断增长中，语义记忆能力在不断地减弱，而情景记忆能力在逐渐地增强。这样一来，图像记忆法便是最适应这一变化的记忆方法。它将需要进行语义记忆的东西用不相关（人为相关）的方式联系起来，方便了记忆与回忆。而且，人类对图像的记忆能力很厉害，容量也很大。研究表明，图像记忆是其他记忆容量的 100 万倍。由此可见，图像记忆的空间之广。同时，图像记忆很容易进入长期记忆，不容易被遗忘，即使复习次数少，也依旧明显优于其他的记忆方法。

据资料显示，曾有人利用图像记忆法用最短的时间记忆上千个电话号码，且记忆的持久程度达到了一个星期之久。由此可见，图像记忆法的持久性与敏捷性。

图像记忆法与联想记忆法有些相似，它需要开动你广阔无边的想象力，以联想作为一种手段，将需要记忆的东西进行夸张、滑稽、壮烈等比较容易引起自己兴趣的"画面加工"，同时，在联想画面的过程中，没有任何的限制，我们只讲求所联想的画面是不是能引起自己的注意，并不在乎其是否存在合理性。但是我们所联想的方式，是必须要以"适合"自己为大前提。这里值得说明的是，我们所联想的内容，越为夸张越好。这是因为过分的夸张可以刺激海马体分泌一种波线，利于海马细胞树突上的树突棘之塑造变形，也就更加便于记忆。

2. 利用图像记忆法记忆事物的时候，如何找到记忆的关键字？

在利用图像记忆法记忆事物的时候，我们应该学会找到图像记忆法的记忆关键字。为什么要这样做呢？因为有时候，我们所要记忆的东西并不像表格那样清楚，所以在这种情况下，我们记忆的时候就要找到重点记忆的对象。换句话说，运用图像记忆法，就要找到记忆的关键字。那么，什么样的词语才能算是记忆的关键字呢？要具备这样两个条件：1，看到这个字可以回想起所记忆的全部内容；2，看到的关键字能够使人头脑中产生生动的图像。具备这样两个条件的字，才能算是记忆的关

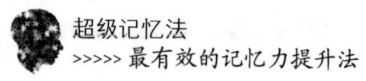

键字。

3. 让记忆的图形在脑海里鲜明

记忆进我们脑海里的图像，越是鲜明，我们的记忆就越是持久、深刻。所以说，使记忆的内容在脑海里所呈现的图像鲜明化，是保持记忆持久的一个关键因素。那么，要如何使我们的记忆在脑海里所呈现的图像鲜明呢？就要增加这个图像的性质，而回忆的时候，想想这个图像的性质，就可以接近达到看到实物的感觉。具体来说，我们可以抓住这个事物的颜色、软硬度、表面光滑或粗糙、动作快或慢或规则不规则、香味、味道、是否能发出声音、立体形状等来帮助我们记忆这个事物，利用旋转来把立体形状鲜明化。

4. 如何将所记忆的事物进行鲜明化连结？

利用图像记忆法记忆多个事物的时候，可能会用上"连结"的方法。那么，要如何连结才能使记忆更加的鲜明呢？为此，我们总结了以下几点。

第一，所连结起的事物可以过分的夸张，违反常态。因为对于我们人类的记忆来说，越是不可能发生的事情，我们记忆起来越是清楚；

第二，使所连结起来的事物尽量的动态化。因为动态化的事物远比静态事物的记忆要清楚得多；

第三，使所连结起来的事物尽量的刺激，越是刺激的事物，我们记忆得越是清楚；

第四，将个人的感情、情绪融入到所连结的事物中。这样会使我们的记忆更加的深刻、持久。

通过以上四种方法，我们可以对多个事物进行鲜明化连结，这样会使我们的记忆富有活力，且不易遗忘。

5. 利用图像记忆来帮助记忆

详细地介绍了图像记忆的魅力及方法之后，让我们来小试一下身手。感受一下图像记忆法的便捷之处。下面是 10 组毫无关联的词语，你能否用最快的速度将它们牢牢地记忆在脑海当中呢？

路灯、车牌、飞机场、阿司匹林、安妮丝、喜马拉雅山、哈萨克斯坦、锣鼓喧天、失落、吃香蕉的猩猩。

对于这10组词的记忆，我们可以利用图像记忆法来这样组织它们。

首先，我们想象这样一个情景，一个人正手里拿着车牌，按照路灯的指示方向匆忙地赶往飞机场。当然，为了使这个情景的想象更加的夸张，你可以想象这个人身穿滑稽服饰，或者说，这个人干脆没有穿衣服。设想完这样一个情景之后，我们接下来继续联想场景。一名叫作安妮丝的女孩，嘴里塞着大把的阿司匹林，居然要去攀登喜马拉雅山。安妮丝长什么样子？绿色的头发？褴褛的衣着？反正一定很夸张。为什么会有这样两个不同寻常的场景呢？这是因为在哈萨克斯坦的上空，正发生着一场空袭。而当地的人们居然锣鼓喧天地庆祝这样一场空袭，唯独角落里的一只猩猩在失落地吃着香蕉。

就这样，我们根据这10个毫无关联的词语，设定了三个夸张而又滑稽的情景。而在设定完情景的同时，你已经将这10个词语牢牢记在心里了。不信，你可以试着回忆下。

尝试着用图像记忆法记忆了10组毫无关联的词语之后，接下来再让我们尝试记忆更多的词语。

下面是20个毫无关联的词语，你是否能运用图像记忆法在最短的时间内将这20个词牢记在脑海中呢？

黯然、俄罗斯、武则天、梳子、铁丝、蜜月、农用、冰雕、导弹、作案、乳胶、抢劫、茅厕、太湖、裸露、路程、死亡、菠萝、东北、温差。

对于这20个词语，我们可以这样联想画面。

女皇武则天准备去俄罗斯与一座农用的冰雕度蜜月，为了使蜜月之旅更加完美，女皇在出门之前特意用铁丝制成的梳子为自己梳头。首先，女皇来到了东北，在准备离开国土前往俄罗斯的时候，女皇非常的黯然。

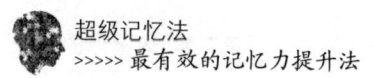

来到俄罗斯之后，因为当地与国内有着很大的温差，所以女皇被冻得不停地上茅厕。

不过，身体的不适并不影响女皇度蜜月的好心情，她来到俄罗斯一个名叫太湖的地方，正当她享受美景的时候，忽然发现远处的一伙人正在抢劫，而作案的工具居然是导弹和乳胶。女皇非常震惊，跑过遥远的路程去一看究竟，发现被抢劫的对象是一棵裸露的菠萝，而这棵可怜的小菠萝，早已因为过度惊吓而死亡，为此女皇非常的难过。

通过以上夸张的联想，你是不是已经将这20个毫无关联的词语牢记在心里了呢？而这就是图像记忆法的魅力之处。下面，再让我们通过一个例子来了解下图像记忆法的便捷之处。

6. 利用图像记忆法记忆中国十大古典悲剧

我国的十大古典悲剧分别为：《窦娥冤》、《赵氏孤儿》、《精忠旗》、《清忠谱》、《桃花扇》、《汉宫秋》、《琵琶记》、《娇红记》、《长生殿》、《雷峰塔》。

虽然这十部作品看起来并不难记，可能一些"聪明人"花费一两分钟的时间就可以将这些作品记忆在大脑中，但是，很多人往往记得快忘得更快，2分钟记下来的内容，20分钟之内就可以将记忆的内容忘记一大半，而产生这种结果的原因，就是因为没有采取正确的记忆方法。下面，让我们来看看如何利用图像记忆法来帮助我们将这十部作品记得又快、又牢、又准确。

首先，我们要集中精神，根据这十部作品，在大脑里想象这样一个画面："窦娥"在冤死之前曾生下了一个婴儿，后来窦娥死了，百姓们便为这个孩子起名为"赵氏孤儿"。随着时光的流逝，赵氏孤儿一天天长大，长大之后还参了军，并当起了军队中的旗手，负责扛起军队里的"精忠旗"。因为赵氏孤儿在军队里肯吃苦，且为人清廉又忠诚，所以他的名字很快就被写进了一本叫作"清忠谱"的名册中，这本名册中专门记载一些清廉忠臣的名字。

再后来，皇帝在清忠谱中看到了赵氏孤儿的名字，听说了他的事迹，于是就派人赏赐给他一把"桃花扇"，和一座"汉宫"。赵氏孤儿接到皇帝的赏赐，非常高兴地拿着桃花扇走进了汉宫，才刚进门，就听见有人在弹"琵琶"，循着声音找去，发现是一个名叫"娇红"的女子在弹奏，赵氏孤儿礼貌地上前问候，并问娇红的家居何方，娇红看着赵氏孤儿，笑着回答说："我家住'长生殿'，就在'雷峰塔'附近。"

就这样，我们仿佛看电影一样将中国十大古典悲剧轻松地记忆在了我们的大脑中，且当我们在回忆的时候，则像是电影画面的重放，不容易出现记错或者遗漏的现象。

当然，对于图像记忆法来说，我们要如何联想词语，完全可以按照个人的意愿。毕竟，找到最适合自己的记忆模式，才是记忆的关键。不过，针对图像记忆法，需要强调一点。就是我们在运用这种方法记忆的时候，完全不需要考虑所想象的画面是否符合历史知识或者常理。我们所需要做的，只是让所想象的画面尽可能地去刺激自己的大脑，从而加深记忆。至于所想象的内容是否合情合理，完全没有必要去考虑。毕竟，想象的内容只有我们自己知道，所以是否合情合理，又有什么关系呢？

▶ 为记忆内容建立连接——定桩记忆法

1. 定桩记忆法的记忆原理

定桩记忆法是比较实用的一种记忆方法，它的记忆原理就是，首先在脑海中整理已经记住的信息，并将其变为图像，作为桩子用。然后再将需要记忆的新信息转化为图像后，与已经记住的图像进行连接，最后利用夸张的联想和想象对这些事物进行连接。这样一来，当我们在回忆的时候，就会先回忆起已经记住的信息，然后再回忆联想后的新信息的图像，最后回忆出新信息。

2. 定桩记忆法分类

定桩法可分为身体桩、物体桩、数字桩、字母桩等，总之，凡是我们熟悉的事物、已存在我们脑海中的事物，且它是有序的，都可以作为桩子。可以说，运用定桩法记忆事物的时候，桩子是无穷无尽的。下面，让我们来了解下运用定桩记忆法记忆事物的详细步骤。

3. 定桩记忆法的使用步骤

在使用定桩记忆法记忆事物的时候，分为这样几个步骤：

（1）定桩，就是将被选为桩子的事物按照某种顺序定下来；

（2）固桩，回忆下定桩的顺序，使自己对这个桩子的顺序绝对的熟悉；

（3）减法，对于所记忆的事物进行关键词提取；

（4）乘法，充分发挥你的想象力，将提取出的关键词转换成适合自己大脑记忆的图像或者某些场景、声音等；

（5）加法，将关键词转化来的图像或者场景与身体桩进行联想；

（6）回忆，将所联想的事物按照顺序进行回忆；

（7）定位，将作为桩子的那个人或事物，融入到知识体系中；

（8）复习，即使是已经记住的事物，我们还是要不断地进行复习、活化，巩固记忆。

以上就是定桩记忆法的8个使用步骤。可能单调的概念并没办法使人完全感受到这种记忆方法的魅力之处，那么接下来，让我们通过一个事例来了解下这种记忆方法的便捷之处。

4. 利用定桩法记忆十二星座

下面，就让我们按照定桩记忆法的记忆步骤来记忆下十二星座。

第一步，定桩。

我们自己的身体一定是我们最熟悉的事物，所以，很多人在定桩的时候都会选择自己的身体作为桩子。按照一定的顺序，我们在身体上挑选十二个桩子：脚趾、小腿、膝盖、大腿、腰、手、脖子、嘴巴、鼻子、耳朵、眼睛、头发。

第二步，固桩。

定桩的顺序是身体的从下到上，相信应该不会有人记错吧。

第三步，减法。

对所需要记忆的内容进行关键词提取。十二星座的关键词提取即为：白羊、金牛、双子、巨蟹、狮子、处女、天秤、天蝎、射手、摩羯、水瓶、双鱼。

第四步，乘法。

充分发挥我们的想象力，对所需要记忆的事物进行充分的联想。针对十二星座，联想就比较容易一些。

白羊：一只白颜色的羊；金牛：皮毛是金色的牛；双子：两个长相一样的小婴儿；巨蟹：一只体型巨大的螃蟹；狮子：森林之王；处女：一个美丽的女孩；天秤：一架天平；天蝎：一只浮在云上的蝎子；射手：一张准备发射的弓箭；摩羯：一只有着鱼身子的坐骑；水瓶：婴儿的小水瓶；双鱼：两条鱼。

第五步，加法。

将关键词与桩子进行联想。

（1）白羊与脚趾：一只雪白色的羊正在舔你的脚趾，感觉很痒；

（2）金牛与小腿：一头皮毛是金色的牛怒气冲冲地冲向你的小腿部，撞疼了你；

（3）双子与膝盖：两个长相一样的小婴儿趴在你的两个膝盖上；

（4）巨蟹与大腿：你低头，发现你的大腿上居然有一只体型庞大的螃蟹；

（5）狮子与腰：森林之王狮子温柔地缠绕在你的腰间；

（6）处女与手：你用手轻轻托起一个长相美丽的女孩；

（7）天秤与脖子：脖子上架起了一架天平，像是自己的肩膀；

（8）天蝎与嘴巴：你张开嘴巴，居然从里面飘出来一只浮在云朵上

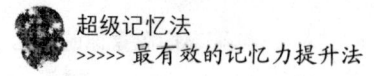
的蝎子；

(9) 射手与鼻子：鼻子里射出箭，仔细一看，原来在鼻子里有一张准备发射的弓；

(10) 摩羯与耳朵：一只有着鱼身子的坐骑在你的耳边飘来飘去；

(11) 水瓶与眼睛：透过装满水的婴儿水瓶，看到眼睛被放大；

(12) 双鱼与头发：头发仿佛海洋，里面有两条自由遨游的小鱼。

第六步，回忆。

将所联想好的事物再在大脑里按照顺序回忆一遍。

第七步，定位；

在想象场景的同时，将自己置身于星座知识的环境中。

第八步，复习。

记忆完成之后，进行不断的巩固和复习，这样才能对所记忆的事物有更深刻的印象，加深记忆。

按照这种方法来记忆，是不是感觉记忆不再是一件枯燥的事情了呢？是不是感觉记忆突然变得简单了呢？而这，就是定桩记忆法的魅力之处。

5. 桩的详解

运用定桩记忆法记忆事物的时候，桩是关键，但并不是任何事物都可以作为桩的，需要满足这样几个特性：明确性、内外性、无限性、有序性。下面，就让我们详细了解下桩的这四个特性，从而明白在运用定桩记忆法的时候要如何选桩。

(1) 明确性

明确性就是说你所选的桩必须是一个明确的事物，这个事物可以是一个实物，也可以是一个场景，或者也可以是一个主题。但是，无论你所选的这个桩是什么，你都一定要对这个桩清清楚楚地知道，不能模模糊糊。也就是说，只有明确含义的实体或者主题才可以作为联想的桩。如一块木头、一朵小花、一场舞会、一场战争、一个人的性格、一个人的习惯等。

（2）内外性

桩分为外部桩和内部桩，外部桩就是我们经常所使用的，早早设定好含义和具体形象的事物，多为实体，不过也可以用一些自己熟悉的主题和场景作为外部桩。而所谓的内部桩就是指一些临时找来的桩，它可以是对记忆材料的归纳，可以是与记忆材料相似的事物、主题，还可以是记忆材料的中心思想、记忆材料所讲述的道理、记忆材料的关键词等，也可以是实物。那么，外部桩与内部桩有什么区别呢？主要有以下两点：

区别一，外部桩比内部桩的记忆时间短，且记忆印象也没有内部桩那么深刻。这是因为外部桩与所记忆的材料都是没有什么关联的，比如我们常用的数字桩、身体桩等，这些事物与我们所记忆的材料都没有任何的关联，我们需要通过联想的方式将二者相联系到一起。而内部桩则不是，它是根据记忆材料所提炼出来的桩，桩是出自记忆材料本身，自然与所记忆的材料存在必然联系，所以它比外部桩能更加深刻地链接记忆材料。

区别二，外部桩在记忆的时候要比内部桩快一些，这是因为外部桩是早就准备好的桩子，而内部桩则需要在记忆材料的基础上进行分析提炼，所以说，内部桩在运用的时候自然要比外部桩多花费一些时间。

总结以上两点内部桩与外部桩的区别，我们发现，内部桩偏向深度，外部桩偏向速度，二者各有所长，所以我们在运用的时候可以结合二者的特点记忆不同的事物。比如说，对于一些扑克牌或者是一些无规则的数字，我们在记忆的时候就可以利用外部桩，而如果是考试的知识，我们在记忆的时候就可以利用内部桩。而这就是记忆桩的内外性。

（3）无限性

运用定桩记忆法帮助记忆的时候，无论是选用内部桩还是采用外部桩，都是可以做到无限的。那么，什么叫作"无限"呢？就是说，桩的数量可以发展到无穷无尽，我们在运用定桩记忆法的时候，不会为了桩的不够多而苦恼。我们知道，当我们在利用数字桩或者身体桩进行记忆的时候，想记忆很多的事物是不可能的，因为这些桩的数量太少，不能满足我们记忆大量的事物，这样一来就导致了我们要经常使用这些桩，就好比电脑缓存一样，我们只能将记忆短暂地存放，却没有办法保留持久，要想解决长期记忆的问题，就必须尽量减少桩的重复使用，最好是一个桩只记忆一件事，只有这样才能让你的联想长期地记忆下来。那要如何做才能实现这个记忆效果呢？就是你的桩要尽量的大，也就是说，只有掌握了无限的创作桩的方法，才能实现记忆的最佳效果。下面，就让我们来了解如何掌握无限的创作桩。

对于内部桩来说，它是由记忆材料而生，也就是说，有多少的记忆材料，就可以得出多少个桩，即，内部桩本来就是无限的。所以当我们在使用内部桩的时候，不需要特意去考虑"无限"的问题。

相比于内部桩而言，我们在利用外部桩的时候，就需要考虑"无限"的问题了。而外部桩的无限性原是根据"任何事物都可以无限地划分下去"而来的，什么意思呢？我们可以这样理解，我们知道，物质是由分子构成的，而分子又是由原子构成的，原子又由"电子"和"原子核"组成，而原子核又是由中子和质子组成。质子按道理说已经最小了，但是因为质子是一个整体的物质存在，又因为有实在的物质，所以可以继续划分下去，划分之后又分为两部分，每一个部分按同样的道理又可以再次划分，就这样无穷无尽地划分下去，而这就是"无限"的含义。我们根据这个原理，可以将桩无穷尽地进行划分。举例来说，当我们在记忆一件事物的时候，以地球为桩，那么，我们接下来还可以在地球的基础上继续划分：陆地和海洋，陆地也可以再划分为亚洲、欧洲、美洲等，各个洲还可以划分为各个国家，每个国家可以划分到每个人，每个人又继续划分，到原子、质子、到无穷小。就这样，我们将一个外部桩进行了无限地划分，而这便是桩的无限性。

可能上面的划分原理有些抽象，下面，再让我们通过一个例子来了解下桩的无限划分。

生活中，当我们利用定桩记忆法记忆事物的时候，数字桩是我们经常选择的一种外部桩，而每一个数字其实都可以无穷无尽地衍生出桩，比如说，数字"2"我们用鸭子来编码，那么，鸭子出现的河就是一个场景，我们就可以利用这样的场景继续划分：河中有石头、有鱼、有水草，河岸上有树木、河面上有天空倒影等。这些都可以被用作我们记忆的桩子。然后我们根据河构成的部分，还可以进行划分。比如河底的石头像是珍珠一样，并以珍珠再作为一个桩。那由珍珠又联想到什么场景呢？自然是珠宝店，接着珠宝店又可以划分出各种各样的桩子，无穷无尽。

通过以上的例子，你是不是已经完全了解要如何无限地创造桩了呢？当然，至于桩要如何进行划分，每个人的划分标准不同，自然得到的桩也有所不同。但无论桩是怎样划分的，务必要秉持自然而然的原则，因为只有这样才比较容易回忆，回忆的速度也比较快。

了解了桩的无限性之后，我们可以清楚地明白，运用定桩记忆法记忆事物的时候，并不是只局限于记忆部分事物，我们完全可以通过对桩的"拓展"去扩大我们的记忆，而这便是桩无限性的一个最大的好处。

（4）有序性

我们知道，当我们在利用定桩记忆法记忆事物的时候，不光要选择记忆的桩子，同时还要将每个桩子的出现顺序都弄清楚，而这便是桩的有序性。对于一些本身就带有顺序的桩子来说，我们不需要再费精力给这些桩子加上顺序，比如说数字桩、字母桩等。那么，对于一些没有顺序的桩子来说，我们要如何为其加上顺序呢？方法有很多种，比如说，我们可以按照时间因果关系去排列桩出现的顺序，也可以按照空间体积大小去规定桩子出现的顺序。当然，如何去排序也并没有硬性的规定，只要符合自己的逻辑顺序，方便自己的记忆，怎样进行排序都可以。而这便是桩子的有序性。

综上所述，以上就是记忆桩的四个特性，当我们在运用定桩记忆法记忆事物的时候，并不是任何的事物都可以拿过来当作桩子帮助我们记忆，我们所选择的桩子一定要符合以上四个特性，才能成为我们记忆的桩子。同时，桩子的种类又有很多种，下面，就让我们来详细了解下，各种桩子都分别适合记忆什么样的事物。

6. 运用定桩记忆法的时候要如何找桩子

当我们在运用定桩记忆法的时候，最重要的，也是最先应该掌握的，就是"找桩子"，那么，定桩记忆法的桩子类型都有什么呢？我们在面对不同的记忆内容时应该如何选择不同的记忆桩子呢？下面，让我们来了解下定桩记忆法的桩子。

前面我们已经学习过，对于定桩记忆法而言，比较常用的桩子种类有很多，比如数字桩、字母桩、地点桩、身体桩、熟悉的语句、熟悉的人物等。且无论是哪种桩，都要具备这样两个特点：第一，每个桩子都必须要对应一个图像，没有图像的并不能算是桩，如果是图像不清晰的要转化清晰才能去用；第二，所选的桩子一定要有次序，没有次序的不能被选为桩，因为只有有次序才能方便我们的记忆。

综上，我们在找桩子的时候，一定要符合以上两个特点才能将其定为桩子，如果只是为了盲目地找桩子，而不在意以上两条"桩子的特点"，那么我们找到再多的桩子也是无济于事。接下来，让我们详细了解下各种桩子的特点及适合记忆的对象。

（1）人物桩

人物桩是比较方便的一种桩子，因为每个人可以轻松地找出许多真实的或者虚构的人物。不过，人物桩也存在着一定的弱点，就是很难形成一套能够清晰排序的规则，并不像数字桩或者字母桩那样，排列顺序非常确定，让我们很清楚这个数字后面紧跟着哪个数字，这个字母后面紧跟着哪个字母。所以说，当我们在使用人物桩的时候，比较适合一些灵活性较强的内容的记忆，如果是记忆一些顺序性较强的内容，我们使用人物桩的话，就很有可能导致记忆混乱。

（2）数字桩

数字桩是定桩记忆法中比较常用的一种桩子，因为当我们在记忆的过程中，常常会遇到一些需要记忆数字的情况，这样一来，我们就免不了要对数字进行编码。所以说，利用数字桩记忆的优点就是，能够非常迅速地回忆出信息的准确位置，比如说，某个条文中的第几点是什么。故，当我们在记忆一些条理性比较强的材料时，比如说法律条文，我们就可以利用数字桩来帮助我们记忆。

（3）字母桩、身体桩

字母桩和身体桩与数字桩有些相似，但是记忆的"容量"比较有限，如果我们经常利用一套桩子去记忆不同信息的话，就很容易造成记忆混乱的状况。所以说，字母桩和身体桩比较适合于一些临时需要记忆、而信息量又比较少的场合。这样字母桩和身体桩就会显得比较方便实用。

（4）语句桩

语句桩也是比较常用的一种记忆桩，有着非常大的记忆容量，但这种记忆桩在使用的时候有一些难度，不像数字桩、字母桩或人物桩那样简单，它要求使用它的人平时有着非常大的积累量，例如平时要对成语或者一些诗词非常的熟悉。这样就可以在使用记忆桩记忆的时候随时都能想到合适的语句桩。所以说，要想利用语句桩帮助自己记忆，首先要做的就是扩大自己的积累量，从而达到灵活运用的程度。

（5）千字文桩

千字文桩属于文字桩，但亦拥有"有序"的特点，当然，这个"有序"的前提是你必须记住完整的千字文。同时，我们知道，汉字是没有图像的，所以我们在记忆的时候，需要将汉字先转化成图像，这样一来，就加大了我们的记忆难度。所以说，文字桩在运用的时候是有些难度的，不过却依旧高效。

综上所述，是五种比较常用的记忆桩，然而，无论我们在记忆的时候选用哪种桩子，最重要的一点就是要对自己所选用的桩子非常的熟悉，

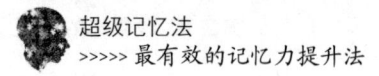
而且要对桩子的顺序非常的清晰。因为只有这样，我们才能将所需要记忆的材料有序地记忆下来，做到不记混、不记错。

7. 利用定桩记忆法记忆文章的优势

定桩记忆法可以用来记忆各种各样的事物，其中，用定桩记忆法来记忆文章的话，无论是在记忆速度还是在复习次数、牢固程度上，它都有着非常明显的记忆优势。那么，利用定桩记忆法来记忆文章，都有哪些优势呢？下面，让我们来了解下。

优势一，记忆速度变得更快了

利用定桩记忆法记忆文章的第一个好处就是，可以使我们的记忆速度变得更快捷。一般来说，当我们在记忆一篇文章的时候，利用定桩记忆法会比死记硬背的速度快数倍甚至数十倍。

这是因为，当我们使用定桩记忆法记忆文章的时候，是将枯燥死板的文字转化成了形象的图像，将对文章的死记硬背转变成了对生动图像的想象。这样一来，我们记忆的速度自然就大大地提高了。

还有，针对一篇文章而言，死记硬背就是在将一篇文章不断读很多遍，读的熟练了，才开始对文章进行背诵。而如果我们运用定桩法来帮助我们记忆的话，可能一篇文章我们还没有读过几遍，意思也没完全弄明白，我们就已经轻松地将这篇文章背诵下来了。当然，背诵文章的首要自然是要将文章的意思弄清楚，不然背诵再多的文章也是没有意义的。

优势二，复习的次数减少了，方式更灵活

利用定桩记忆法帮助记忆文章，不仅可以使我们记得快，而且，还可以帮助我们记得准，减少复习次数。

很多人认为利用定桩记忆法去记忆文章是一种短时记忆，让人记得快，可忘得也快。其实，这是一个严重错误的观点。恰恰相反，死记硬背才是"记得慢、忘得快"。

使用定桩法记忆文章，不仅使我们的记忆速度更快，且遗忘的速度也比死记硬背遗忘的速度慢很多。举例来说，针对一篇文章，如果我们采用死记硬背的方式去背诵，就要不停地去对文章熟悉、理解，然后将短时记忆转为长时记忆；而如果运用定桩法来记忆的话，我们所需要的重复次数和重复时间，都远远少于死记硬背。

运用定桩法记忆完一篇文章之后，当我们在复习这篇文章的时候，我们完全可以通过桩子来对文章的内容进行回忆，准确回忆出文章中的每一句话，这样一来，即使是我们脱离书本，那我们也可以经常地在大脑中回忆着文章的内容，增加对文章的熟悉和熟练度，从而将文章背诵得滚瓜烂熟。同时，这样"别致"的复习方式，也使我们对时间的运用非常的灵活，让我们做到了随时随地的去复习，完全脱离了书本的束缚。而这一点，是传统的记忆方法远远做不到的，我们只有回归书本，坐到课桌前，才能算是真正的复习。相比之下，是不是定桩记忆法更有助于我们的记忆复习呢？

优势三，记得更牢

利用定桩记忆法来帮助我们记忆文章，还有一个优势就是，可以使我们将文章记忆得更加的牢固。

当我们采用传统方法记忆一篇文章的时候，即使是将文章已经全部记在脑海里了，可一段时间之后，仍然有可能会出现记忆卡壳、忽然忘记某段开头、大段文章内容回忆不起来等现象。然而，如果我们运用定桩记忆法记忆完文章之后，当我们再次回忆这篇文章的时候，几乎就不会出现以上这些现象。这是因为，当我们在运用定桩记忆法进行记忆的时候，可以通过非常有逻辑规律的桩子把记忆资料（文章中的句子）整理成具有逻辑规律的一个个小记忆片段，这样就使我们在回忆的时候，能够轻松地回忆起所有的片段，而不会像传统记忆方法那样，出现记忆卡壳等现象。

同时，当我们在运用定桩记忆法记忆文章的时候，回忆的时候也是按照桩子的顺序来回忆的，这样就确保了我们在重新背诵文章的时候，可以不遗漏文章中的任何一段文字，甚至是文章中的任何一个字。如果

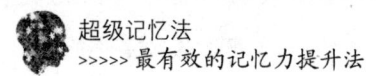
发现自己某几段文字没有记好，我们也可以马上做针对性的复习。而要是利用传统记忆方法，如果我们没有书本在身边，可能就永远没有办法知道自己在背诵的时候漏背了哪些部分，也没有办法对背错的部分作出及时的更正和记忆巩固。所以说，定桩法可以帮助我们将文章记忆得更加牢固。

优势四，使记忆更加的持久

运用定桩记忆法可以使我们的记忆时间更加的持久。当我们采用传统方法记忆完一篇文章，可能一段时间之后，我们就会对这篇文章的内容遗忘的差不多了。而如果我们运用定桩记忆法来帮助我们记忆的话，因为有桩子这种非常好的提示物，我们就可以轻松地回想起文章的大部分内容。

所以说，运用定桩法记忆文章，可以使我们的记忆更加的持久。

总结而言，以上四点就是利用定桩记忆法记忆文章的优势。所以说，当我们在记忆文章的时候，完全可以采用定桩记忆法来帮助我们记忆，记得又快、又准、又牢靠，且长时间之后也不会遗忘，是一种高效的记忆方法。

8. 定桩法帮你记忆三十六计

利用定桩法可以去记忆各种各样的事物，下面，就让我们利用定桩法来记忆下三十六计，从而更深一步地了解定桩记忆法的魅力之处。

首先，记忆三十六计，我们就用 1～36 这 36 个数字作为我们的记忆桩子，然后将三十六计的内容与桩子进行联想。

第 1 计，瞒天过海。

当我们看到数字"1"的时候，可以联想它是一根笔直的大树干，然后根据这个联想继续结合记忆内容进行联想：我们想要偷偷的过海，怎么过呢？我们可以藏在一根空洞的大树干里，然后漂过大海，这样一来，就连天都不能发现我们了。也就是说，我们成功地"瞒天过海"了。在联想的过程中，我们在脑海里也随之想象画面，从而加深我们的记忆。

第 2 计，围魏救赵。

看到数字"2"的时候，我们会联想到可爱的小鸭子。然后根据这个联想，我们再结合记忆内容进行联想：魏国把赵国的公主抢走了，于是赵国要去魏国讨回公主。可笑的是，赵国讨回公主的手段却非常的滑稽——将军带领了无数只鸭子，死死地将魏国围住，逼迫魏国交出公主，魏国抵不住无数只鸭子的吵闹，于是只好将公主交出，就这样，围魏救赵，我们记住了。

第 3 计，借刀杀人。

看到数字"3"，我们会联想到耳朵，然后根据这个联想，我们再结合记忆内容进行联想：有一个人想要杀人，可找遍了家里，却没有找到一把利器，于是这个人向邻居借了一把刀，想要杀人，而当邻居听说这个人荒谬的借刀理由时，瞪大了眼睛，竖起了耳朵，赶忙将这个人撵走。于是，我们又通过这样的联想，记住了借刀杀人这一计。

第 4 计，以逸待劳。

数字"4"很像是一面小旗，为此，我们可以做出这样的联想：一场马拉松比赛，在接近终点的地方，已经精疲力竭的选手们都拼尽全力奔向终点，而这时的你却举着小旗，在终点安逸地等待着那些疲惫的选手们。通过这样的画面，我们记住了第 4 计——以逸待劳。

第 5 计，趁火打劫。

数字"5"会让我们联想到钩子，接下来，让我们利用"钩子"与"趁火打劫"这个内容进行联想：有一天，一家银行发生了很严重的火灾，而就在消防队员们奋力救火的时候，一个愚蠢的劫匪居然拿着一个钩子冲进了银行，开始对银行进行打劫。就这样，我们又记住了一计——第 5 计，趁火打劫。

第 6 计，声东击西。

数字"6"看起来很像是一个勺子，于是我们可以这样联想：我们手中拿了一个巨大无比的勺子，勺子里装了一个冬瓜。我们拿起勺子，慢

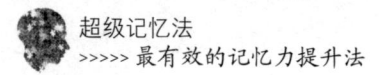

慢的将冬瓜举起。我们为什么要将冬瓜举起呢？原来，我们的目的是为了利用冬瓜去击打另一旁的西瓜。于是，当冬瓜升到一定高度的时候，我们用力抛下，击打西瓜。即"升冬瓜，击西瓜"——声东击西。

第7计，无中生有。

数字"7"让我们联想到镰刀，结合"无中生有"，我们可以这样联想：有一天，我们拿着镰刀去山上砍柴，到了山上后发现山上居然什么东西都没有，也就是"无"。于是我们很懊恼，看着空荡荡的山，气得直拿镰刀砍地，这一砍居然砍出了很多很多的油。本来空无一物的山上，居然生出了很多的油，而这便叫作"无中生有（油）"。

第8计，暗渡陈仓。

数字"8"像是一个大葫芦，结合内容，我们可以这样联想：我们想要渡过一个很大的仓库，可这个仓库内有许多的官兵守卫，我们该怎么渡过呢？我们可以藏在大葫芦里，然后再暗地里渡过。即暗渡陈仓。

第9计，隔岸观火。

数字"9"让我们联想到了喝酒，结合内容，我们可以这样联想：有一天，你家不小心着火了，这本是一件非常紧急的事情，可此时的你却不紧不慢地、优哉游哉地坐在家对岸的草坪上，喝着酒，看着火势渐猛的房子。而这就是"隔岸观火"。

第10计，笑里藏刀。

数字"10"让我们联想到棒球———一根球棒和一个球，然后根据内容，我们可以这样联想：当我们参与棒球比赛的时候，如果发现对手正朝着我们微笑，那么，这时我们就应该小心了，因为对手往往是"笑里藏刀"，准备给你使坏了。

第11计，李代桃僵。

数字"11"让我们联想到筷子，结合内容，我们可以这样联想：在饭桌上放有一双筷子，你仔细观察，发现在筷子上居然绑了一条领带（李代），你好奇地拿起筷子，想看看究竟是怎么一回事，结果发现，筷子上不仅绑着一条领带，而且还在上面插了一个僵硬的桃子（桃僵），而这就是"李代桃僵"。

第 12 计，顺手牵羊。

数字"12"谐音"婴儿"，结合内容，我们可以这样联想：有一天，一个婴儿从自己家爬到了邻居家去"串门"，然后和邻居家的婴儿"咿咿呀呀"一番之后，便准备爬回自己的家中。这个淘气的婴儿在离开邻居家的时候，居然还顺手将邻居家的山羊给牵走了，于是我们记住了"顺手牵羊"。

第 13 计，打草惊蛇。

数字"13"谐音"医生"，结合内容，我们可以这样联想：很久以前，有一个医术高超的老中医，这个老中医经常自己去山上采药。一天，这个医生独自一人来到山上采药，他拿着棍子打草，驱赶一些花草间的蚊虫。而就在这时，一条蛇因为医生打草而受到了惊吓，忽然蹿了出来。即"打草惊蛇"。

第 14 计，借尸还魂。

数字"14"谐音"钥匙"，结合记忆内容，我们可以这样联想：有一个人想要借一具尸体用来还魂，可尸体去哪里弄呢？于是这个人就偷来了医院停尸间的钥匙，从而去那里借尸体。从这个恐怖的小故事中，我们记住了"借尸还魂"。

第 15 计，调虎离山。

数字"15"谐音"鹦鹉"，结合记忆内容，我们可以这样联想：在森林中，有这样一只聪明的小鹦鹉，它专门听从森林之王狮子派遣给它的各种命令。一天，狮子大王交给了小鹦鹉这样一个命令——调老虎离开山林。即"调虎离山"，于是我们通过这样的联想，记住了这个计策。

第 16 计，欲擒故纵。

数字"16"的谐音是"要顺"，结合记忆内容，我们可以这样联想：假设你是某部队的头领，有一天，你的部下抓住了一个敌人，可你想要

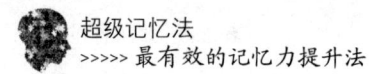
顺利地抓住更多的敌人，于是你就先把他给放了，而这就叫作"欲擒故纵"。

第17计，抛砖引玉。

数字"17"谐音"荔枝"，结合记忆内容，我们可以这样联想：有一天，你正在路上走，忽然看到前面出现了一块砖头，砖头上绑着一串荔枝。你感觉非常的奇怪，于是伸手去拿砖头，并将砖头远远抛去。而这时，更奇怪的事情发生了，你抛出了砖头，却引了一块美玉出来。而这就是"抛砖引玉"。

第18计，擒贼擒王。

数字"18"谐音"篱笆"，结合记忆内容，我们可以这样联想：用篱笆将一群贼围住，并慢慢缩小篱笆所包围的围圈，最终将贼的头目捉住，即"擒贼擒王"。

第19计，釜底抽薪。

数字"19"谐音"要酒"，结合记忆内容，我们可以这样联想：有一天，你煮了一锅热水，准备烫酒喝，可眼看着锅中的水越来越热，就要沸腾了，没有办法烫酒。于是你就果断将锅底（釜底）的薪柴抽了出来，锅中的水温慢慢降低，你便可以烫酒喝了。而这便是"釜底抽薪"。

第20计，浑水摸鱼。

数字"20"谐音"耳环"，结合记忆内容，我们可以这样联想：你想要在一潭浑水中摸几条鱼，却意外地摸到了耳环，从而记住了"浑水摸鱼"。

第21计，金蝉脱壳。

数字"21"谐音"爱你"，结合记忆内容，我们可以这样联想：从前有一只金色的蝉，拥有着美丽的外壳。后来，这只金蝉在一次意外中，不小心被一只老虎死死地咬住了。老虎想要将这只蝉吃进肚子里，聪明的蝉摸了摸自己的外壳，并对自己的外壳说了一句"爱你"，便将外壳脱掉，然后逃生了。这便是"金蝉脱壳"。

第 22 计，关门捉贼。

数字 "22" 让我们联想到鸳鸯，结合记忆内容，我们可以这样联想：很久之前，有一对鸳鸯贼。一天，这对鸳鸯贼跑到了一户人家偷盗，结果让这户人家的主人发现了，主人发现之后，赶忙关上了家中的大门，来捉这对鸳鸯贼。通过这样的联想，我们记住了 "关门捉贼"。

第 23 计，远交近攻。

数字 "23" 让我们联想到这样的情境：有一个小孩，喜欢出远门去郊游，同时又经常和邻居的小孩闹别扭，相互攻击 "打口水战"，即 "远交近攻"。

第 24 计，假途灭虢。

数字 "24" 谐音 "盒子"，结合记忆内容，我们可以这样联想：秦国送给了虢国一个盒子，盒子里面放有一张藏宝图，虢王看到藏宝图之后非常的开心，于是遂派大军沿着藏宝图路线去寻宝。秦国见虢国大军不在，趁机灭掉了虢国。而这便是 "假途灭虢"。

第 25 计，偷梁换柱。

数字 "25" 谐音 "二胡"，结合记忆内容，我们可以这样联想：有一个人，偷换掉了同伴二胡坚实的梁柱，而当他的同伴再次拉起二胡的时候，二胡就断了。想象这样的画面，从而记忆 "偷梁换柱"。

第 26 计，指桑骂槐。

数字 "26" 谐音 "河流"，结合记忆内容，我们可以这样联想：在一条河流中，站着这样一个奇怪的人，他用手指着桑树，然而嘴里却不停地骂着槐树，从而记住 "指桑骂槐"。

第 27 计，假痴不癫。

数字 "27" 谐音 "耳机"，结合记忆内容，我们可以这样联想：有一个人，耳朵上戴着耳机，一面听着音乐，一面手舞足蹈。在外人看来，这个人好像疯癫了一样，实际上，这个人根本没有疯也没有癫。故记住 "假痴不癫"。

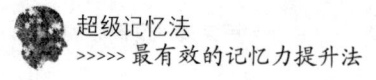

第 28 计，上屋抽梯。

数字"28"谐音"爱发"，从而联想到"喜欢发财"。然后结合记忆内容，我们可以这样联想：从前有一个人，非常的喜欢发财，可赚钱又不是那么容易的事情，于是这个人就起了偷盗之心。一天，这个人将梯子架在别人家的房上，打算跳进别人家里偷东西，结果才爬到一半，就被人发现了，并将他的梯子抽走，叫人来抓他。即"上屋抽梯"。

第 29 计，树上开花。

数字"29"谐音"爱酒"，结合记忆内容，我们可以这样联想：一个人非常爱喝酒，每天都坐在树下喝很多很多的酒，有一天，这个人喝多了酒，起身回家的时候，居然发现，树上开满了花瓣，即"树上开花"。

第 30 计，反客为主。

数字"30"谐音"森林"，结合记忆内容，我们可以这样联想：一天，你正被一个人追杀，你为此非常的害怕，拼命地逃跑。后来，你逃到了森林中，你获取了一份神奇的力量，于是你就停止逃跑，开始追杀那个人。而这就是"反客为主"。

第 31 计，美人计。

数字"31"谐音"鲨鱼"，结合记忆内容，我们可以这样联想：一天，一条鲨鱼捕获了一个人类，并想吃掉这个人类，可当这条鲨鱼准备吃这个人的时候，发现这个人居然是个美人，于是这条鲨鱼便不忍心下口去吃。就这样，我们记住了第 31 计是"美人计"。

第 32 计，空城计。

数字"32"谐音"仙鹤"，结合记忆内容，我们可以这样联想：有这样一座城，城里面飞来飞去的都是仙鹤，由此我们可以得知，这个城里一定是没有人了，成为了一座空城。故，我们记住了"空城计"。

第 33 计，反间计。

数字"33"谐音"仙丹"，结合记忆内容，我们可以这样联想：有这样一个人，他原本是派到我国的间谍，但被我们识破了，且我们用一颗仙丹收买了他。即"反间计"。

第34计，苦肉计。

数字"34"谐音"绅士"，结合记忆内容，我们可以这样联想：有一位举止优雅的绅士，可这个绅士为了使用苦肉计，于是将自己弄得遍体鳞伤。由此，我们记住了"苦肉计"。

第35计，连环计。

数字"35"谐音"珊瑚"，结合记忆内容，我们可以这样联想：我们在深海之中遨游，好不容易绕过了一个珊瑚，转头又遇见了另一个珊瑚，简直就像是中了"连环计"一样，由此，我们记住了第35计是连环计。

第36计，走为上。

数字"36"谐音"山鹿"，结合记忆内容，我们可以这样联想：有一头山鹿，看到猎人来了，于是赶紧就走掉了。即"走为上"。

综上所述，我们利用定桩记忆法，轻松地记下了三十六计的全部内容。而这也正是定桩记忆法的魅力之处。当然，在将桩与记忆内容进行联想的时候，没有绝对的规定要如何去联想，你完全可以按照自己的意愿去进行联想，毕竟，只有最适合自己的记忆方法才是最有效的记忆方法。同时，当我们在联想的时候，可以无边无际，但对三十六计的理解一定做到绝对的正确，不然，我们将这个知识记忆得再牢，也是毫无意义的。

▶ 打造专属于你自己的记忆之宫——记忆宫殿法

要想找到一种专属于你自己的记忆模式，且记得快、记得准、记得更牢固，那么，你完全可以打造一个专属于你自己的记忆之宫——利用记忆宫殿法来帮助你记忆。

记忆宫殿法是一种非常强大的记忆技巧，这种记忆方法不仅有效，而且记忆的时候还非常的有趣，让人可以全心全意地投入到记忆的乐趣中去，感受记忆的魅力。下面，就让我们来详细了解下记忆宫殿这种神

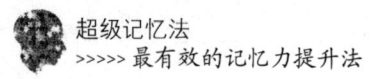
奇的记忆方法。

1. 记忆宫殿的概念及起源

记忆宫殿其实就是比较高级的定桩记忆，这种记忆方法发明于中世纪，发明者是一个传教士。人们发现，在用这种方法记忆大量事物的时候，不仅可以记得快，而且还能将记忆长期的储存。其实这种记忆方法的主要原理就是，将我们的大脑想象成是一个宫殿，在宫殿中有许许多多的房间，而在房间里又有许许多多的格子。这样，我们将所需要记忆的事物分门别类地装进格子里，并在记忆的同时产生联想，使大脑产生联想记忆，记得又快又牢。

我们之所以将这种记忆方法称之为"记忆宫殿"，其实是一个暗寓，而我们在选择"宫殿"的时候，范围可以很随意，这个"宫殿"可以是你的家、你上班的路线、你经常去的餐厅、你的办公室等所有你所熟悉且能轻易想起来的场所。当然，"宫殿"也可以完全是凭借想象勾画出来的，但前提是，我们要对这个"宫殿"足够的熟悉，因为这个"宫殿"将成为你储存和调取任何信息的指南。下面，就让我们详细了解下要如何运用记忆宫殿来帮助我们记忆。

2. 运用记忆宫殿法的五个步骤

记忆宫殿法要如何运用呢？其运作步骤是怎样的呢？下面，让我们来了解下。

步骤一，选择你的宫殿

运用记忆宫殿帮助记忆，首先，你要选择一个你非常熟悉的地点当作你储存记忆的"宫殿"。这个地点可以是任何地方，但前提是你一定要对这个地方绝对的熟悉，能够轻易地在你的脑海中再现，你只需要精神的"眼睛"就能使自己身临其境。你对这个地方的细节的再现越鲜明，你就能越有效地记忆。对于大部分的初学者而言，自己的家就是最好的选择。

其次，你要在你所选择的宫殿中确定一条特别的路线来帮助你的记忆顺序，也就是说，你选择好宫殿之后，不能只是在脑海中再现静止的场景，你要在这个宫殿中做一次详尽的巡视，而并不是将你的宫殿图像化。举例来说，比如你所选择的宫殿是你的家，那么，你在选择好宫殿之后，就要在宫殿中规划一条特别的路线，这条路线可以是你从客厅走进卧室的路线，也可以是从厨房走向卫生间的路线，总之，你要对这条路线绝对的熟悉，清楚地知道这条路线上所经过的每一件家具或者摆设。

如果你所选择的记忆宫殿不是你的家，而是你的学校、你的办公室或者你所在的城市。那么，你所选择的路线就可以是教室到图书馆的一段路、办公桌到咖啡机的一段距离、每天上下班的路线等。无论什么宫殿、什么路线，只要你对宫殿及路线绝对的熟悉就可以了。而这，就是运用记忆宫殿的第一个步骤。

步骤二，列出明显的特征物

选好属于你自己的记忆宫殿之后，接下来你需要在所选择的场所中找出比较明显的特征物品。比如说，如果你所选择的宫殿是你的家，那么，你在巡视自己的家的时候，大门肯定是第一个引起你注意的特征物。然后你顺着这个想象，在记忆宫殿里做虚拟的漫步、想象，当你走进家大门之后是什么又引起了你的注意？你可以从左到右或者从上到下地对房间进行观察，可能，墙上的壁画引起了你的注意，接下来是餐桌、是烛台、是电视机等。总之，你要系统地分解这个房间，边在这个房间里漫步，边在头脑中记忆特征物品，而你记忆的每一个特征物，都将作为你的"记忆槽"，用它们来帮助你储存你所需要记忆的信息。而这，就是运用记忆宫殿的第二步。

步骤三，将你的记忆宫殿牢牢地印在你的脑海中

选好了你的记忆宫殿，又在宫殿中找到了最适合你的路线与特征物，那么接下来，你需要做的就是将你的记忆宫殿牢牢地印在你的脑海中，用尽一切办法去记忆它。

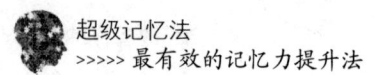
当然，如果你是一个擅长形象思维的人，那么，记住你的宫殿应该并不是一件困难的事情。如果不是，你则可以采用一些小窍门来帮助你记忆你的宫殿。

举例来说，要想将你的记忆宫殿记忆得牢固，你可以按照路线亲自走一遍，当你看到特征物的时候，还可以大声地将其讲出来，以便加深记忆；或者，你可以在纸上将这些特征物按照顺序写下来，然后在大脑中不断地巡视它们，并大声地重复；又或者，你可以用同样的视觉去看特征物，使其深深地印在你的大脑中。

这里需要说明一个问题，你在记忆你大脑中宫殿的过程中，是需要一个形象思维来帮助你记忆，而形象思维是一种技能，如果你在记忆的过程中感觉到了困难，那么，你就应该先去提高你的形象思维能力，然后再来运用记忆宫殿帮助记忆。

所以说，对于记忆宫殿来说，"大量练习"你的路线是非常重要的。而一旦你将路线深深地印在了你的脑海中，你便真正地拥有了属于自己的记忆宫殿，它将可以反复应用于记住任何你要记住的东西。

步骤四，将所需要记忆的事物与特征物相联系

将宫殿印在了你的脑海中之后，接下来你需要做的就是将宫殿与你所需要记忆的事物进行联系。那么，要如何联系呢？下面，让我们通过一个事例来了解下该如何将所需要记忆的事物与记忆宫殿联系起来。

比如说，你要记忆"怪兽的脚、黄色的头发、走路的橙子、人猿泰山"这四个抽象的词组。那么，你在熟悉了你的记忆宫殿之后，你就可以将这几个词组与宫殿中的特征物这样相联系：你走到大门前，准备开门，发现大门的把手居然是一只"怪兽的脚"，你犹豫着打开门，从左向右地看着熟悉的房间，发现壁画上挂着"黄色的头发"，餐桌上居然有一颗"走路的橙子"，而烛台间居然是"人猿泰山"在来回地摆荡。

这样一来，你就将所需要记忆的事物与记忆宫殿中的特征物"挂钩"

建立了联系。这里需要注意的是，你在联想的过程中，画面一定要尽量的夸张，滑稽，甚至恐怖，总之，画面一定要不同寻常，这样才能帮助我们的记忆。当然，至于具体要怎么联系，如何夸张，完全按照个人的习惯，最能刺激自己大脑的才是最能帮助自己记忆的。

步骤五，参观你的记忆宫殿

运用记忆宫殿帮助记忆的第五步，也是最后一步，就是学会参观你的宫殿。在这个步骤之前，你可能已经自信满满地感觉自己已经将需要记忆的事物牢牢地记在大脑里了，但对于一个记忆的新手来说，你可能还需要多一点的复习，才能帮助你更加牢靠地记忆。那么，在运用记忆宫殿的时候，要如何对记忆进行复习呢？

你可以从宫殿的起始点开始按照路线一点点地往终点走，每当在途中看到特征物的时候，所记忆的东西就会瞬间浮现在大脑中。等到行程结束之后，转过身反方向走回你的出发点就可以了。

经历过这样的复习之后，你的记忆一定就更加的牢靠了。

以上就是运用记忆宫殿的五个步骤，这种记忆方法不仅简单有效，而且运用起来也非常的有趣。但是，要想熟练地应用这种记忆方法，还需要经过不断地练习。而且，随着你对这种记忆方法的日益熟练，你大脑中的宫殿也会随之越来越多，每一个宫殿都可以有效地为你的记忆服务，让你想记什么就记什么，让你不再惧怕记忆，从此爱上记忆。

3. 运用记忆宫殿的时候，要如何帮自己找"房间"

记忆宫殿是一种比较高端的记忆方法，但是对于初次学习这种记忆方法的人来说，如何建立宫殿或者房间是最先需要学习的问题。那么，针对如何"找房间"这种问题，一些记忆专家提供了以下建议：

1. 在学习记忆宫殿的最初，你所选择的宫殿可以是你所熟悉的建筑或者地点；

2. 选好地点后，按照习惯的路径，依照顺序把地点、物品编上号

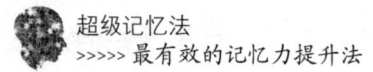

码，这里需要注意的是，编号码的时候，大顺序的方向一定要是一致的，且每个地点的大小、距离都要尽量做到平均；

3. 选择的地点要具有一定的空间感，且在选择地点的时候，要避免选择两个相似的地点，比如说两把一样的椅子，床两边一样的床头柜子等；

4. 要选择永久性的地点，也就是说，地点的选择对象最好不要是经常移动的东西；

5. 选择的地点位置要尽量在自然顺序之中，这样也方便我们的回忆；

6. 选择地点的时候，千万不能草率地作决定，你所选的每一个地点都要是能在脑海中轻松浮现出来的，以方便我们以后的回忆；

7. 在刚开始练习宫殿记忆的时候，所选择的地点可以不用太多，熟悉之后再慢慢地增加地点练习，循序渐进。这里需要说明的是，如何判断我们对某一地点是否熟练记忆了呢？就是当我们在回想这个地点的时候，回想的速度要达到 2 个地点 1 秒钟。也就是说，你在想象中从路径的上一个点到下一个点所需要的时间最好少于半秒钟，这样一来，你在想象中仅需要 5 秒钟的时间就能走完 10 个地点的路径。在练习的过程中，不要试图加快联想的过程，因为随着我们记忆实践的不断增多，我们的联想速度也会随之加快，期间虽然会花费一些时间，但时间和努力永远是记忆信息深处的组成部分，所以说，当我们在运用宫殿记忆法的时候，千万不要急于求成。要慢慢练习，熟悉宫殿，从而有效地帮助我们记忆。

第二节　教你如何增强你的记忆力

▶ 分时间段记忆：了解大脑的 4 个记忆高峰期

我们的大脑有四个记忆高峰期，在这四个高峰期内，我们的记忆力会比平时高很多。所以说，当我们需要记忆一些材料或者新学习的知识时，完全可以在这四个记忆高峰期内来完成我们的记忆。下面，就让我们来了解下大脑的四个记忆高峰期分别是什么时间段。

记忆第一高峰期，早晨起床后

早晨起床后是记忆的第一个高峰期，很多人认为睡眠是一个遗忘的过程，实际上，我们的大脑在睡眠的过程中并没有停止工作，而是在对前一天输入的信息进行编码整理。而早晨醒来之后，又没有新的信息对大脑进行干扰，所以说，早起后记东西印象会比较深刻。

记忆第二高峰期，上午 8 点到 10 点

上午的 8 点到 10 点之间，是记忆的第二个高峰期。这段时间我们的精力会比较旺盛，识记效率高，记忆量自然也很大。

记忆第三高峰期，下午 6 点到 8 点

下午 6 点到 8 点之间，是记忆的第三个高峰期，同时也是一天中记忆的最佳时段。所以说，这段时间的记忆效率会比较高，而且，这段时间记忆材料的时候，也不会太过困难。

记忆第四高峰期，临睡前 1 小时左右

临睡前一个 1 小时左右是记忆的第四个高峰期。我们知道，大脑在睡眠的过程中并没有停止工作，而是在对前一天输入的信息进行编码整理。所以说，我们在睡前进行记忆，识记材料后就入睡，这时就不再有新信息输入，所以没有相互抑制的影响。自然就会记得牢。

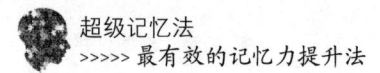

同时，除了这4个记忆高峰期，学者们还发现大脑在不同的时间段具备不同的能力。比如说，上午8点的时候，我们的大脑就具有严谨周密的思考能力，下午2点思考能力最敏捷，但推理能力则在白天12小时内递减。

综上，根据这些数据的统计，我们就可以根据不同的时间为我们的大脑分配不同的任务，合理安排工作学习时间，更有效、舒适地来运用我们的大脑，使其发挥最高效率，从而提升我们的记忆力。

▶ 从生活中的一些小细节开始做起

要想增强记忆力，首先要从一些生活的小细节开始做起。因为从生理学的角度上来说，在我们一岁之前，脑细胞的数量就已经定型了，而且，随着我们人类的从生到死，脑细胞的数量是一个逐渐在减少的过程，每一个脑细胞的死亡都不可再生。二十岁之后，脑细胞死亡的速度会加快，记忆力同时也变得越来越差，这就说明了，为什么八十岁人的记忆力要远比四十岁人的记忆力差很多，这是因为八十岁人的脑细胞数量比四十岁人脑细胞数量少了一半，而这个结论已经被科学所证实。

活动量不够、血液流通不畅、脑供血不足等都是造成我们记忆力下降的原因，而经常做一些大脑训练可以使人们保持较强的记忆力。大脑就好比是我们的肌肉，只有经常锻炼才能使其处于最佳的状态。

同时，心脏的作用是将血液运送到身体的各个细胞，而大脑则是将脑细胞有效连接起来，协调工作。也就是说，脑细胞越健康，工作就越协调，大脑与身体之间的信号传输也就越畅通迅捷。这也就说明了，为什么一个人的精神状态越好，他的记忆力就更佳。

为了从"根本"上增强我们的记忆力，学者们对人类的行为习惯进行了充分的研究，并总结出以下几点简单有效的小方法，来帮助我们增强记忆力。

方法一，抬起你的双腿

如果条件允许的话，你每天可以抽出几分钟的时间，将你的双腿跷在桌子上或者椅子上，而且，腿跷起的位置一定要高于心脏的位置。这样做的原理是：当一个人将双腿跷起来，且位置高过心脏，这时脚部和腿部的血液会回流到肺部和心脏，不仅可以大大减轻脚部和腿部静脉的压力，同时还可以使头部的供血量大大的增加，使你神清气爽，长时间坚持，有助于记忆力的增强。

方法二，摇摇头，晃晃脑

平日没事的时候，可以多摇摇头，晃晃脑，这样做的目的主要是锻炼我们的颈部。因为颈动脉是向脑部供血的管道，而时不时地摇摇头，晃晃脑，可以使这些组织得到活动，从而增加脑部的供血量。同时，经常地摇摇头，晃晃脑，还可以减少脂肪在颈动脉血管沉积的可能，对高血压、颈椎病有着预防的作用。时不时地摇摇头，晃晃脑，既能提高记忆力，又能预防疾病，何乐而不为呢？

方法三，不经意间的伸懒腰

伸懒腰是一件非常享受的事情，而不经意间的伸懒腰还对我们的大脑有着一定的好处。为什么这么说呢？

这是因为当我们的身体长时间地处于一种姿势时，上肢肌肉组织的末梢血管会淤积很多血液，而在我们伸懒腰的这个过程，正好是肌肉收紧和放松的过程，在这个过程中，淤积的血液被赶回心脏，心脏得到的血多了，自然输往全身各处的血也就多了，大脑得到的供血也更多了，从而增强了记忆能力。

方法四，经常梳头

经常梳头可以延缓我们大脑的衰老，这是因为，梳头可以改善我们头皮的血液循环，良好的头部血液循环有助于提高我们的记忆能力。

我们可以随身携带一把牛角梳，或者，也可以用手指代替牛角梳。梳头的时候从前到后，从上到下地梳理。一天梳三四次，每次梳 3 分钟到 5 分钟的时间。可有效地提高我们的记忆力,有养神健脑的功能,同时,常梳头对于一些神经衰弱的患者也是有着很大的益处。

方法五,叩齿

叩齿对我们的记忆能力也有着很好的提高,因为在叩齿的过程中,可拉动头部的肌肉,促进头部血液的循环,从而增强大脑的记忆力。同时,常叩齿口腔中的口水也会分泌增多,口水中含有的腮腺素还有延缓衰老的作用。近年来,还有人研究发现,口水中含有抑癌的成分,能有效预防消化道的恶性肿瘤。

所以说,经常叩齿,既可增强记忆力,又能延缓衰老,预防消化道的恶性肿瘤。是一项方便健康的小习惯。

方法六,运动你的手指

经常运动手指有助于提高记忆力。我们知道,手指被称之为人类的第二大脑,这是因为手指与大脑相连的神经最多,多多运动手指,可以有效地刺激我们的大脑,延缓脑细胞死亡的时间,同时增强记忆力。

所以说,没事的时候,可以尽可能地让你的手指活动起来。可以时不时地抻抻手指,蜷蜷手指,或者左右手交替进行一些指尖按摩。也可以经常握握健身球,转动硬币等。虽然只是一些看似微不足道的小习惯,但要是长期坚持,定能对我们记忆力的提升有着显著的效果。

方法七,迈开你的双腿

迈开你的双腿,让你的下肢活动起来,从而增强你的记忆能力。这是为什么呢?

因为我们的大脑是由两个半球组成的,左侧的大脑支配着我们右侧的肢体,右侧的大脑支配着我们左侧的肢体,所以说,下肢的活动可刺激对侧大脑皮层的活动,从而起到健脑的作用,增强我们的记忆能力。

其实,"迈开双腿"的方式很简单,可以是慢跑,也可以是快走,一个星期 5 到 6 次,每次半个小时左右,长期坚持,就能看到记忆力提升的显著效果。

方法八，养成少量多次的喝水习惯

喝水可以延缓衰老，还对我们的大脑有好处。

因为水分占了我们大脑的50%，经常喝水可以提高我们的记忆能力。不过，喝水时应掌握少量多次的原则，千万不要等到感觉渴了的时候再喝水，因为那个时候你的身体已经非常缺水了。

所以说，养成喝水的习惯，少喝、勤喝，有助于我们提高记忆力。

方法九，多做一些益智游戏

平日没事的时候，可以多做一些益智类的小游戏、谜题等大脑训练，从而加强脑细胞之间的互动和传输，使大脑保持敏锐的状态。科学表明，几乎所有的游戏都是可以激活脑细胞的，如拼图、纵横字谜、棋类游戏等。甚至观看智力游戏或是科普类节目都能使大脑一直处于活跃状态。

同时，除了益智类小游戏，感官的刺激，新运动项目、乐器或是语言的学习这些活动，都是可以在大脑各细胞间建立一条纽带，紧密联系各个细胞，提高大脑的整体工作效率，提高记忆能力。

方法十，左右转动眼球

左右转动眼球可以提高记忆能力。英国曼彻斯特都会大学的研究人员曾做过这样一个实验，让102个接受实验测试的学生看一些文字资料，且让部分学生回想内容之前左右眼球转动30秒。结果实验后发现，左右转动眼球的学生，所记住的资料要远比没有转动眼球的学生所记住的资料多很多，且出错率也很低。

不过，左右眼球转动是否有助于回想任何种类的事情并没有一个明确的结论，因为回想50个生字，或回想一本书、一篇文章、一段歌词，这些记忆内容是有很大区别的。不过，可以确定的是，左右转动眼球，对文字资料的记忆是有很大的好处的。

方法十一，多进行一些有氧运动

有氧运动可以增强记忆力，一些研究表明，如果每天能够做30分钟的有氧运动，如游泳、跑步等，就可以刺激大脑神经细胞，从而提高记

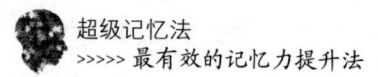

忆能力。这一点，对于记忆力衰退很严重的老年人有着更明显的效果。

方法十二，阅读文章或书本的时候，多几个反问

当我们在阅读一些文章或者书本的时候，可以在阅读的过程中不断地对自己进行反问，比如说：作者这样的观点自己是否同意？为什么作者这一段要这样去描述？作者在这一段的叙述与自己的生活有没有一定的关联性等。

阅读中，吸收的东西越是和生活相关，就越是容易记住。同时，在阅读中的这种反问还能将自己已有的知识和新学到的知识联系起来，进一步加深记忆。此外，如果能将文字转化成图像，更是有助于加深记忆。

方法十三，学会睡觉

睡眠有助于强化我们的记忆力，这是因为在睡眠期间，我们的大脑会将一些记忆的内容整理并印在脑海里。所以说，当我们在学会一种新知识或者技能后，一定要在当天晚上保证良好的睡眠，睡眠时间一定要在6个小时以上。这样才能给我们的大脑提供充分整理、记忆资料的时间。

很多学生喜欢在考试之前"开夜车"，彻夜不睡地去复习。实际上，这样做并不会为你的考试多加几分，还会让进入大脑中的知识难以保存成长期记忆。而且，大脑得不到充分的休息，注意力下降，影响理解问题的能力，从而影响考试。

所以说，要想增强记忆能力，一定要学会睡觉，使大脑得到充足的休息。

方法十四，闻闻玫瑰花香

闻闻玫瑰花香也有助于我们记忆力的提升，德国科学家曾做过这样一个实验，科学家们找来了一些学生志愿者，并将志愿者分成两组，玩配对扑克牌。科学家们让其中一组在游戏时先闻一种玫瑰花香，接着在睡前再闻一次，而另一组则没有这样做。实验结果证明，闻花香的一组学生记忆配对扑克的状况较好。由此可见，经常地闻一些玫瑰花香，可

以帮助我们改善记忆力。

方法十五，冥想的同时深呼吸

冥想的同时进行深呼吸，可有助于我们记忆力的提升。这是因为冥想可以帮助我们注意力集中，而注意力是记忆的大门，只有聚精会神才能有效地记忆。所以说，每天我们可以抽出几分钟的时间，在安静的房间里，坐在或者躺在地板上，双手放在胃部，进行深呼吸，专注一份沉静。每天冥想 10 分钟，坚持一段时间，你就会发现，你的记忆力在不知不觉间已经有了很大的提升。

方法十六，学习一种新的语言

学习一种新的语言可以有效地帮助我们增强记忆力。美国生命发展心理学实验室主任、布兰迪斯大学心理学教授玛格·拉齐曼博士认为：新的思路往往可以帮助我们理清头脑中复杂的思绪，所以说，为了使我们的大脑思绪更加的清晰，我们完全可以往头脑中注入新的思路，而学习一门新的语言则是一个非常好的选择。在我们学习新语言的时候，不需要特别的耗费精力，也无需对这门语言熟练地掌握，只要简单的学习就可以。

同时，除了学习一门新的语言，尝试一个新的爱好也可以帮助我们有效地提升记忆力。

方法十七，离开的时候"回头看"

当我们准备离开一个地方的时候，养成"回头看"的习惯，就会避免一些因为"失忆"而带来的小尴尬。比如说当停好车的时候，可以看下自己的车停在了哪里，避免将自己的车"遗忘"。

方法十八，换只手刷牙

换只手刷牙可以有效地改善你的记忆力。其实这里所说的"换只手刷牙"只是一个比较笼统的概念。生活中，我们的做事方式不要太过单一，偶尔改变一下自己的做事方式，可以刺激大脑中神经细胞的生长，从而增强我们记忆的能力。

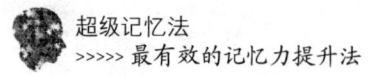
方法十九，午休打个盹

想要在不知不觉间增强自己的记忆力，不妨在午休的时候让自己打个盹。德国杜塞尔多夫大学的奥拉夫·拉赫和他的同事证明了这样一个理论："短暂睡眠"具有"超强威力"。即，在午休的时候，我们仅仅打盹6分钟，就能够在较大程度上提高自己的记忆力。而这也是迄今为止发现的用时最短，但最有效的增强记忆力的方法。

对此，拉赫博士曾做过这样一个实验：他找来了一些学生志愿者协助他进行实验，在实验开始时，拉赫博士将学生们分成了两组，一组在记忆单词之前可以先小睡5分钟，然后再进行记单词。而另一组则需要一直保持清醒，然后记忆单词。实验发现，与那些必须保持清醒的学生相比，先睡了5分钟的学生记住的单词明显要多得多。

对于这样的实验结果，拉赫博士这样说道："这表明，初始睡眠中发生了很多事情，比我们之前认识到的要多。"

除了拉赫博士，美国哈佛大学医学院的罗伯特·斯蒂克戈尔德对打盹也有着重要的研究，并表明："人类的大脑在进入深度睡眠之前，具有梦幻般的感觉和'疯狂'的想象，而这就是功能性睡眠的好处。"由此可见，虽然只是几分钟的打盹，但其对我们记忆力的提升是不容小视的。

方法二十，坚持写日记

为了提升自己的记忆力，人们花费大量的时间与精力去训练自己的记忆力。其实，想要提升记忆力并不难，你与其花费大量的时间去训练记忆，不如找个时间去写篇日记。

写日记的好处有很多，比如说：定期写日记可以帮助我们记录生活，无论是在生活中留下深刻印象的人、事、景还是物，如果你坚持写日记，将一段又一段的深刻记忆写进你的日记本，你便拥有了一本珍贵的成长纪念册；而且，写日记除了可以帮助我们记录生活，还可以随心所欲地表达想法及抒发情感，是对自己精神的一种放松，也是自己锻炼文笔的一次最佳时机。

日记要如何写才能对我们记忆力的提升有所帮助呢？如果你还"不会写日记"，不妨从下面这几个方面着手去写。

（1）事件方面：今天发生了什么事情？这件事情发生的经过是怎样的？自己从这件事中感悟出了什么？

（2）人物方面：今天遇见了什么人？这个人与自己是什么关系？这个人的长相是怎样的？这个人叫什么名字？遇见这个人的时候我们聊了些什么？

（3）结构方面：今天从早到晚自己都做了些什么？

（4）时间方面：今天的时间大部分都用来干嘛了？做什么事的时候花费的时间最短？一整天的时间自己都是怎么分配的？哪些时刻很快乐？哪些时刻比较压抑？

（5）环境方面：自己今天都去了怎样的环境？哪些环境让自己比较喜欢？可以用什么词语来形容自己经历的环境？

当然，在你写日记的时候，完全不需要将以上的所有问题都写进自己的日记中，同时，写日记的时候也可以按照自己的回忆思路去写。其实写日记的过程就是回忆的过程，让你择取一天之中的片段，并将这些片段进行重组，从而在不知不觉间锻炼了你的记忆能力。所以说，长期坚持写日记，你的记忆力就会在不知不觉间得到提升。

▶ 学习中，增强记忆力的关键方法

学生时期，人人都希望自己能有一个好的记忆力。因为拥有一个好的记忆力往往意味着你可以在考试之前，毫不费力地将大批考试重点牢记于脑中，从而在考试中轻松获得高分。

可是，并不是人人都拥有一个好的记忆力，那么，要如何改善我们的记忆力，提高我们的学习成绩呢？下面，就让我们来了解下，学习中，增强记忆力的关键因素都有哪些？

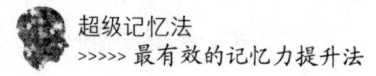
关键因素一，永远保持你的自信心

当我们在记忆一件事物的时候，最重要的就是一定要抱着能够将这件事物牢记在脑海的自信与决心。为什么这样说呢？因为当我们在记忆一件事物的时候，如果没有一个绝对自信的决心，那么，我们脑细胞的活动就会受到抑制，脑细胞的活动一旦受到抑制，记忆力就会变得迟钝。而关于这一点，在心理学上已经得到了证实，并将这种情形称之为"抑制效应"。这个效应的反应过程是：没有自信导致脑细胞的活动受到抑制，从而无法记忆，最终使自己更缺乏自信，这样一个恶性循环，是我们记忆力下降的一个因素。

所以说，改善记忆的第一个关键步骤就是一定要树立自信心，保持绝对的自信，使"不会记忆"的恶性循环变成"一定能记住"的良性循环。

关键因素二，抓好第一记忆

抓好第一记忆，是增强记忆力的一个关键因素。心理学表明，当我们在学习一门新知识的时候，如果最初的印象深刻，那么，我们就会记得快、记得牢。所以说，当我们在学习一些新知识的时候，可以尽量找到一些方法来刺激我们的记忆，比如说，主动地参与知识的教学，主动表达等。同时，也可以通过一些活动来使自己的记忆深刻。比如说，主动上台扮演老师，参照老师平时的一些教学方法，将知识教授给其他同学等。这样一来，我们对这个事物的印象就会变得深刻无比，且记得又牢又准。提升了我们的记忆力。

关键因素三，对新知识进行强化记忆

面对一些不容易记住的新知识，我们还可以采用强化记忆的方法。

这里的强化记忆并不是指对某个知识点的"死记硬背"，而是说，为了巩固我们在课堂上所学到的某些新知识点，我们可以采用一些比较新奇、有趣的方法来帮助我们记忆。比如说，某节英语课，我们学习了十个单词。如何巩固记忆呢？可以这样做：找来几个同学，分成 A、B 两组，A 小组出示一新词，B 小组一成员得使出浑身解数表演，让本小组其他成员猜并大声读出该新单词就可得分。这种利用游戏来帮助记忆单词的方法记忆的效果非常的好。因为在进行游戏的过程中，我们的精神往往是高度集中的，所以获取的知识会更加的主动与牢靠，从而增强了记忆。

关键因素四，强化瞬间记忆能力

不断地在课堂上进行瞬间记忆能力训练，有助于增强我们的记忆力。

比如说，某节英语课，我们刚学习了几个新单词，那么，这时我们就可以马上要求自己对这些单词进行默写、记忆；或者某节语文课上，我们刚学完一篇课文或情景对话，那么，我们就可以马上对学习内容进行背诵，为了使瞬间记忆的效果更加地明显，我们还可以与同学采取一些"比赛记忆"的方式。

在"瞬间记忆"的过程中，我们的注意力是高度集中的，从而提高了记忆的效率。经常地进行这种训练，我们的记忆力就会在不知不觉间增强了许多。

关键因素五，根据遗忘规律安排复习时间

前面我们已经学习过，记忆的遗忘规律是先快后慢，所以说，我们在复习知识的时候，就可以按照这样的规律来安排复习时间，开展有效的复习活动，提高学习效率。

综上所述，我们了解了增强记忆的几点关键因素。所以说，无论是记忆还是做任何事情，其实都是有方法可循的，只要掌握了正确的方法，便可以轻松应对各种各样的难题。

▶ 改掉这些坏习惯，防止记忆的过早衰退

很多人感觉自己的记忆力衰退过快，感觉自己的记性一天不如一天，而造成记忆力衰退的原因，很有可能是生活中的一些不良习惯。那么，生活中究竟有哪些习惯会使得我们的记忆力过早地衰退呢？

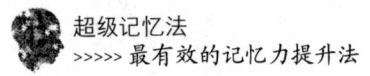
坏习惯一，长期饱食

很多人吃东西的时候喜欢吃得特别的饱，其实这是一个非常不好的习惯。因为当我们进食过饱的时候，大脑中被称为"纤维芽细胞生长因子"的物质会明显增多，这样一来，它能使毛细血管内皮细胞和脂肪增多，促使动脉粥样硬化，出现大脑早衰和智力减退等现象。所以说，吃东西的时候，我们不要吃得太饱，防止记忆力的过早衰退。

坏习惯二，早餐可吃可不吃

生活中，尤其是一些上班族，经常不把吃早餐当作一回事，早上有时间就吃点，要是没有时间就不吃。其实，这是一种非常不健康的做法。早餐是支撑我们一上午活动的动力源泉，如果不吃早餐，会使人的血糖低于正常的供应，容易出现头晕等症状，同时，长时间的不吃早餐，还会对我们的大脑有着非常严重的伤害，导致记忆力迅速下降。所以说，要想改善记忆能力，首先从吃早餐开始。

坏习惯三，早餐的素食主义者

很多人不注重早餐的营养，将早餐看作是单纯饱腹的食物，且经常食用全素的早餐。其实，这也是非常不健康的。据资料显示，一般吃高蛋白早餐的儿童在课堂上的最佳思维普遍相对延长，而吃素的儿童情绪和精力下降相对较快。由此可见，早餐的营养程度对我们的大脑有着非常重要的影响。所以说，我们不仅要养成每天早晨吃早餐的好习惯，而且早餐的质量也要科学搭配，保证营养。这样可以防止我们记忆力的过早衰退。

坏习惯四，喜欢吃过量甜食

一些人喜欢吃甜食，认为甜食是一种让人心情好的食物。不过，虽然甜食可以为我们带来一份好心情，但是过量的甜食却对我们的大脑健康有着非常严重的影响。因为过量的甜食可以降低我们的食欲，减少对高蛋白和多种维生素的摄入，导致机体营养不良，从而影响大脑发育，影响我们的记忆力。所以说，为了我们的记忆健康，不要食用过量的甜食。

坏习惯五，睡眠不足

对于现代人来说，睡眠不足似乎成为了一种通病，很多人都因为各种各样的原因导致自己睡眠不足。其实，长期的睡眠不足对我们的大脑有着非常大的影响。我们知道，大脑消除疲劳的主要方式就是睡眠，如果我们长期处于一种睡眠不足或者睡眠质量很差的状态下，那么就会加速脑细胞的衰退，从而导致记忆衰退。所以说，要想防止记忆力的衰退，一定要改善睡眠质量。比如说，买一个舒适的枕头，在入睡前想一些比较放松的事情，或者听一些轻音乐等，这些都是可以提高睡眠质量的方法。

坏习惯六，总吃能损伤记忆的食物

提升记忆力，也要学会"忌嘴"，即尽量少吃那些能损伤记忆力的食物。比如：味精、加糖的鲜橙、皮蛋、泡泡糖、臭豆腐、腌制品、爆米花、油条等。

坏习惯七，长期吸烟

长期吸烟对我们的身体健康有着非常不好的影响，同时也会使我们的记忆力过早地衰退，甚至患上老年痴呆。这是因为长期吸烟容易引起动脉硬化，导致大脑供血不足，神经细胞变性，继而产生脑萎缩，记忆力下降。所以说，为了记忆力，请戒掉手中的香烟。

坏习惯八，少言寡语

少言寡语也容易导致我们的记忆力过早衰退，这是因为，在我们的大脑中有专司语言的叶区，经常讲话可以促进我们大脑的发育，起到锻炼大脑的效果。所以说，平日里不要太过于"自闭"，多讲一些内容丰富、有较强哲理性或逻辑性的话，可以防止我们的记忆力过早衰退。

坏习惯九，蒙头睡觉

很多人喜欢蒙着头睡觉，感觉将自己的脑袋露在空气中没有安全感。其实，蒙头睡觉是一个非常不健康的习惯。因为当我们蒙头睡觉的时候，被子中的氧气浓度会不断地下降，二氧化碳的浓度会随之不断地升高，使被子中的空气潮湿污浊。长期吸进这样的气体，会使我们产生脑缺氧等症状，对记忆力有着严重的影响，同时还会导致做恶梦。所以当我们睡觉的时候，千万不要蒙头睡觉，将头露在外面，呼吸新鲜空气。如果感觉没有安全感，就可以去想一些比较轻松的事情，自然就会安心入睡了。

坏习惯十，不习惯动脑

很多人不喜欢动脑，甚至还会感觉动脑是一件很"费脑细胞"的事情。其实，经常动脑不仅不会"费脑细胞"，而且还可以有效地锻炼我们的大脑，提升我们的记忆能力，所以说，生活中，要经常开动我们的脑筋，勤思考，这样我们的头脑才能变得更加得灵活。

坏习惯十一，带病动脑

生病了还坚持工作、坚持动脑学习，表面看这是勤奋，而实际上，这样做对我们的大脑会造成很大的伤害。同时，带病工作或者学习的时候，效率也非常低下。所以说，生病的时候，就给自己放个假，让自己的身体得到充分的休息。

以上就是让我们的记忆力过早衰退的十一个坏习惯，而在生活中，只要稍加注意，就可以有效地防止我们的记忆力过早衰退，使我们拥有一个健康的大脑。

▶ 六种方法全面提升你的记忆力

如今，人们的生活压力越来越大，很多人年纪轻轻就出现了"失忆"的症状，比如说，生活中"丢三落四"，注意力不容易集中，疲惫，经常失眠，易忘事等。那么，造成这种症状的原因是什么呢？

其实，造成这种症状的原因有很多种，比如说，工作、学习压力过大，生活节奏太快，长期处于一种高速运转的状态中，过度吸烟、饮酒，饮食不规律，缺乏营养等。这些都是造成我们记忆力下降的主要原因。

面对这种情况，我们要如何预防和治疗这种"失忆"呢？下面，六种方法可以帮你全面提升记忆力。

方法一，别让你的大脑成"摆设"

生物界的发展有这样一条普遍的规律：用进废退，意思就是说，生物在新环境的直接影响下会产生习性改变：某些经常使用的器官发达增大，不经常使用的器官逐渐退化。我们的大脑也是一样的，经常使用大脑去学习、记忆一些事物，可以使我们的大脑保持良好的状态，而如果长时间不去"使用"我们的大脑，我们的大脑就会逐渐"退化"，出现记忆力下降，反应不灵敏等症状。那么，要如何对我们的大脑"勤加使用"从而找回我们失去的记忆力呢？其实方法很简单，我们可以对新事物始终保持浓厚的兴趣，敢于挑战，经常关注新闻、电影等，多听音乐，做一些益智类游戏，如象棋、围棋等。这些小方法都可以使我们的大脑精神高度集中，使脑细胞处于一种活跃的状态，从而提高记忆力，使"失忆"现象逐渐减少。同时，有意识地去记忆一些东西也可以使我们的记忆力"失而复得"，如将喜欢的歌词记在本上，记日记等。

所以说，别让大脑成为"摆设"，要勤加使用，才能有助于记忆力的提高，从而减轻"失忆"的症状。

方法二，保持良好的情绪

生活中，人们总是因为各种各样的事情而产生消极情绪。其实，保持良好情绪也是一种减轻"失忆"症状的良方。

因为，良好的情绪有利于神经系统与各器官、系统的协调统一，使机体的生理代谢处于最佳状态，从而反馈性地增强大脑细胞活力，有助于提高我们的记忆力，使"失忆"症状减轻。

所以说，要想找回你的记忆力，首先要学会打破消极，保持乐观。

方法三，让自己热爱上体育运动

体育运动也是减轻"失忆"症状的一剂良方，这是因为体育运动能调节和改善大脑的兴奋与抑制过程，可促进脑细胞的代谢，使大脑功能

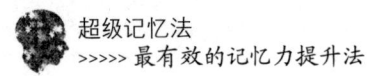
得以充分地发挥，延缓大脑衰老，减轻"失忆"症状。

故，多多运动，有助大脑健康。

方法四，养成良好的生活习惯

要想将"失去"的记忆力找回来，我们还要养成良好的生活习惯。我们知道，在我们的大脑中，一贯存在着管理时间的神经中枢，也就是我们平常所说的生物钟。如果生活习惯不规律，就很有可能导致生物钟紊乱、失调。从而影响脑细胞的活动，影响记忆力。

所以说，无论是工作、学习、娱乐还是饮食，我们都要有一定的规律，从而保证大脑的记忆力，另外，在饮食上，我们也要尽量少吃一些甜食和咸食。因为这两种食物是造成记忆力下降的"元凶"。我们要尽可能地多吃维生素、矿物质、纤维质丰富的蔬菜水果等。提高我们的记忆力。

所以说，养成良好的生活习惯，对我们记忆力的提升是有很大帮助的。

方法五，找到一些适合自己的记忆方法

如果你总是"记不住"，总是记忆出现障碍，那么，你完全可以找到一些适合自己的记忆方法，从而帮助记忆。

比如说，将所需要记忆的事物用笔写下来，同时，口诀记忆法、联想法、谐音法等，都是比较不错的记忆方法，可以找到一个适合自己的记忆方法加以运用，再配合前面四种"记忆调养方法"，定能收获良好的效果。

方法六，放松心情

想提高记忆力，那就放松你的心情，别让压力成为你记忆的绊脚石。

美国的一项研究表明，当人们处于放松状态下的时候，记忆力会有明显的提升。这是因为人们处于放松状态下的时候，大脑中与记忆相关的神经元和特定脑电波密切地"配合"，同步地"运转"，从而使大脑有效地提高记忆的能力。所以说，要想提升你的记忆效率，不如先放松你的心情。当然，要放松心情，可以通过自我催眠、将压力写下来、放声大哭、拥抱自然、运动宣泄、享受按摩、听音乐等，去全面提升你的记忆力。

其实，记忆力的下滑并不是什么可怕的疾病，可能只是某段时间内的学习、工作压力较大，从而产生"失忆"的症状，只要我们能按照以上六种方法去调节，"失去"的记忆力就一定能再被找回来，甚至我们还会发现，通过这六种方法"找回"的记忆力，甚至比自己曾经的记忆力还要好。不信你就试试看吧。

▶ 如何有效地训练你的记忆力

生活中，很多人认为记忆力是智商的一种表现，是先天赋予的，所以后天再怎么努力也是没有办法提高的。

事实上，记忆力的好坏的确与先天有着很大的关系。但是，记忆力又的确是可以通过后天训练的方式来提升的。有这样一个真实的事例：在意大利的一所大学里，三名教授曾做过这样一项实验——训练记忆力。三名教授挑选了一名记忆力中等的青年学生，并让这个青年学生每个星期接受三到五天的记忆训练，每天训练一个小时，训练的内容是背诵由三位数至四位数组成的数字。在每次训练前，如果这名学生可以一字不差地背诵前次所记的数字，那就让这名学生再增加一组背诵的数字。

就这样，这名青年学生在接受了 20 个月，约 230 个小时的训练之后，记忆力有了明显的提升，由起初的熟记 7 个数，到后来增加到 80 个互不相关的数，且每次练习的时候几乎能记住 80% 的新数字。而这样的记忆能力，使这个最初记忆力中等的学生与一些具有特殊记忆力的专家相媲美。通过这个事例可看出，记忆力的确是可以通过后天的训练来提升的。

事实上，从古至今，许多中外的学者们都在不断尝试通过各种各样的方法来提升自己的记忆力。比如说，马克思从少年的时候就开始坚持用自己不是很熟悉的外语去背诵诗歌，有意识地去锻炼自己的记忆能力；还有，俄国小说家列夫·托尔斯泰也通过各种各样的背诵来提升自己的记忆能力，每天清晨都会严格要求自己去强记一些单词或者其他方面的东西，并说："背诵是记忆力的体操。"宋代词人李清照也有一些提升自己记忆力的训练方法：与丈夫比赛竞猜某典故出自某书，就这样，在兴趣盎然的娱乐中不断地巩固知识，提高记忆能力。

通过以上这些事例，我们清楚地了解了，记忆力的确是可以通过后天培养的方式提高的。那么，生活中，提升记忆力的训练方法都有哪些呢？下面，就让我们来了解下。

1. 背诵之前，永远保持你积极、自信的态度——积极暗示法

背诵之前保持积极、自信的态度是最简单，同时也是最重要的记忆力提升训练法。美国心理学家胡德华说："凡是记忆力强的人，都必须对自己的记忆充满信心。"所以说，记忆之前，保持绝对的自信是记忆的关键因素。但是，保持这种自信也并不是一件简单的事情，生活中，很多人在记忆之前，常常会不自信地想："这段话这么长，我怎么可能记得住？"而就是这种不自信，成为我们记忆的最大障碍。那么，要如何消除这种记忆之前的不自信呢？

我们完全可以拿一些简单的例子来暗示自己，比如说："我小时候曾背诵过很多的唐诗。"或者说："比这章篇幅还要长的文章我都背诵过，这一章的背诵其实很简单。"

长期回忆这些自己"曾经的光荣事迹"，久而久之，我们在背诵之前就会养成绝对的自信，有了自信，就会增强我们"一定能记住"的信心与决心。从而提升我们的记忆能力。

2. 经常回忆，且回忆内容尽可能地精细——精细回忆法

学会经常回忆，且回忆的内容要尽可能地精细，坚持这样简单的训练，一段时间之后你就会发现，你的记忆力有了很大的提升。为什么呢？我们知道，在我们的日常生活、工作、学习中，会识记很多的东西，但

是，对于这些识记过的内容，我们很少会去回忆。而这就造成了识记和回忆之间的不平衡，最终使我们的记忆变得十分的模糊，从而导致记忆力下降，甚至会让我们忽然变得"不会去记忆"。

所以说，经常回忆，且回忆的内容要尽可能地详细，也是一种锻炼记忆力的好方法。那么，要如何回忆呢？举例来说，我们可以对一些自己非常熟悉的事物进行回忆。像每天居住的房间，想想这个房间里的摆设是怎样，门窗都是朝哪个方向开的，家具摆放的位置都在哪里，房间的墙上是否有什么挂饰，电灯的开关上有什么小装饰等。尽量将这个房间回忆得完整无缺，而回忆完成之后，你也可以再一次走进房间，看看有什么回忆遗落的角落。

再比如说，你也可以去回忆一些事件：一个小时之前你在哪里？在做什么？和什么人在一起？两个人在一起做了些或聊了些什么？与你在一起的这个人长相如何？如果向别人去描述这个人，应该如何组织语言？总之，回忆要尽可能地详细，从而提升自己的记忆能力。

又或者，你也可以对刚看过不久的电视剧或者电影的情节进行回忆。影片的主要演员都有谁？影片主要叙述的是什么事？结局是怎样？等。尽可能地去回忆影片中的每一个镜头。

还有，你还可以回忆下你童年的伙伴们。拿出你的小学或者中学毕业照，仔细看看毕业照上的老师和同学们，回忆他们的名字，上学的时候你和他们都曾发生过怎样有趣的事情，现在的他们分别在社会上扮演着怎样的社会角色、身处哪里等。

综合以上这些事例，我们了解到，只要我们平时可以多多地回忆，且回忆的内容要足够精细，那么，我们的记忆力就会在不知不觉间得到提升。所以说，经常回忆，且回忆内容尽可能地精细，是提升记忆力的一种便捷方法。

3. 记忆的时候习惯性地结合你的想象力——奇特联想记忆法

我们知道，联想是促进记忆的一种方式，所以说，如果能在记忆的时候，习惯性地去联想，那么，我们的记忆力就会在不知不觉间提升很多。举例来说，当我们在学习"咩"这个字的时候，很多人记住读音记不住写法，记住了写法又忘了读音。那么，这时我们就可以充分发挥我们的想象力，来帮助我们记忆这个字。首先我们来看，"咩"这个字是由一个"口"和一个"羊"字组成，也就是"羊的口"，羊的口除了可以用来吃草，还可以用来"咩（mie）咩"地叫。就这样，我们通过联想，轻松就记住了这个字的写法和读音。

除此之外，联想法还可以用来记忆一些词串。如"猫、自行车、糖葫芦"这三个词，你在记忆的时候就可以这样联想：一只可爱的小猫正骑着自行车行走在马路上，而更有趣的是，这只小猫的小爪子里居然还抓着一串糖葫芦。

经过了这样的联想之后，对这三个词的记忆是不是就深刻很多了呢？

所以说，联想是促进记忆的一种有效方式，如果我们能在记忆的时候习惯性地去利用联想，那么久而久之，我们的记忆力就会得到明显的提升，且还会认为记忆其实是一件十分有趣的事情。

4. 记忆的时候尽可能地限制你的记忆时间——限时强记法

当我们在记忆的时候，可以限制我们的记忆时间，这也是一种有效的训练记忆力的方法。

比如说，当我们在记忆单词的时候，可以给自己5分钟的时间去记忆10个单词，达到了这个限时标准之后，我们可以逐渐地在规定时间内增加记忆单词的数量，或者适当地减少些记忆单词的时间。如5分钟背15个单词，或者3分钟背10个单词。

通过这样不断地"压缩时间"训练之后，我们就会逐渐发现，自己的记忆能力开始变得越来越好，记忆也不再是一件困难的事情。

5. 为自己按摩——记忆保健操

适当地为自己按摩，也是一种提升记忆力的训练方法。其实，为自己按摩的方式有很多种，其中有一种按摩头部的方法简单而有效。

首先，我们可以在颈后部找到"天柱"、"风池"两个穴位，然后将双手交叉于脑后，用拇指的腹部去按压这两个穴位，每次按压的时间为5秒钟，突然加压，然后将拇指移开，按压5至10次后，头脑就会有一种清醒舒畅的感觉。坚持下来，你就会发现自己的头脑比以前清醒了很多，记忆力也变得好很多。

6. 多呼吸新鲜空气多喝水——新鲜空气和清水是大脑的最佳补品

很多人为了提高记忆力而盲目地服用各种各样的大脑补品。实际上，我们大脑最好的补品就是新鲜的空气和清水。

我们知道，如果我们的大脑要想正常地维持其功能和运作的话，需要大量新鲜空气的支持。如果大脑养分不足，那么，大脑的功能也会随之不断地减退，严重者还会对大脑造成伤害，甚至是死亡。而这也就是为什么说，吸烟和过量饮酒是我们大脑最大的敌人，这是因为二者会大量消耗人体血液内的氧，使大脑缺氧，对大脑造成伤害，致使记忆力下降。所以，为了我们的健康，为了记忆力的不再衰退，尽可能地不要再去吸烟和过量饮酒。

除了新鲜空气之外，水也是我们大脑的重要元素之一，我们的大脑有百分之七十以上都是水，而大脑中细胞与细胞间的数据传递及运作功能，都是用水作为传递的媒介，故此足够的水分是令大脑运作最佳的必要条件。

综合以上两点，我们知道，要想训练提升我们的记忆力，还需要做到"会呼吸"、"会喝水"。那么，怎样做才能算是"会呼吸"、"会喝水"呢？可能有人会觉得这个问题很奇怪，因为无论是呼吸还是喝水，都是我们人类天生的一种本能，可就是这样的本能，偏偏大部分人却不懂得怎样喝水、如何呼吸。

拿"喝水"为例，很多人的喝水原则都是"渴了就喝、不渴不喝"，但实际上，等感觉到渴了才喝水，说明我们的体内已经非常地缺少水分，这时喝水，根本就谈不上是为身体"补水"。通常来讲，一个普通人每天

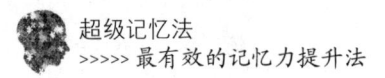
的饮水量应该是6～8杯清水，所以说，要想时刻保持大脑的清醒状态，每日的饮水量就不要低于这些。同时，如果在读书或者背书之前，事先喝上一杯清水的话，记忆能力则会有很明显的提升。

再说"如何呼吸"。我们人人都离不开呼吸，人人都会呼吸，可是却并不是人人都掌握了正确的呼吸方法。那么，什么是正确的呼吸方法呢？

首先，我们在做深呼吸的时候，当我们吸入一大口气的时候，小腹要随之徐徐扩大，而在将气呼出去的时候，小腹要逐渐收缩。而这种呼吸的方法就是学习唱歌时的腹式呼吸，也就是中国武术所说的"气沉丹田"。所以当我们在最初开始练习呼吸方法的时候，不妨慢慢地一吸一呼，而同时小腹是一胀一缩地加以配合。当习惯了这种呼吸方法之后，我们紧接着还可以尝试"吸四、停四、呼四、停四"的方法，也就是说，用约四秒的时间吸气，停四秒钟，再用四秒的时间呼气，再停四秒，谓之呼吸循环。

每天早上起床的时候，我们都可以做八次到十次这样的循环，在每次读书或者背书之后，也可以做三次到五次这样的循环，长期坚持这种训练，便可有效地提升我们的记忆能力。

7. 习惯性地用图像来处理接收到的信息——图像记忆

很多人记忆力不好是因为总是很纯粹地记忆。什么意思呢？就是比如说，当你看到"猕猴桃"这三个字之后，你总是喜欢单纯地去记忆"猕猴桃"这三个字，而并不是将这三个字转化成图像印在脑海里。科学研究证明，图像记忆是目前最合乎人类大脑运作模式的一种记忆方法。所以说，我们在记忆的时候要养成一种用图像来处理接收到的信息的习惯。不断地用这种方法来锻炼自己的记忆能力，时间一久你就会发现，自己的记忆能力已经有了很大的提升。

8. 把你的大脑想象成是一台摄影机——大脑电影调校练习

你可以想象你的大脑是一台高级的摄影机，尝试在大脑中制造不同事物的影像，并对脑海中的荧光屏作出不同的调校。比如说，你可以尝试将荧光屏的画面放大，音量扩大，甚至改变它们的色彩、形状、位置、光暗、远近等。这些练习都是有助于我们提升记忆力的。经常这样练习，一定会使我们的记忆能力有很大的提升。

9. 学会做白日梦——幻想也能提升记忆

不要以为做白日梦是一件浪费时间的事情，实际上，据科学研究表明，白日梦对我们的右脑发展有着很大的帮助，所以说，我们可以每天花费 10 到 15 分钟的时间去进行发呆、幻想，尽情地去做白日梦。一段时间之后，你会惊奇地发现，自己的记忆力居然已经有了很大的提升。

10. 将看到的事物画出来——绘画帮你提高记忆

提升记忆力，你还完全可以借助绘画的方式——将你所看到的事物或者正在记忆的事物通过绘画的方式描绘出来。科学研究表明，绘画有助于加强右脑思维和记忆的训练。所以说，要想提升你的记忆能力，就拿起你的笔，拿出你的纸。经常做一些绘画的练习，你的记忆能力就会在不知不觉间有所提升。

其实，提升记忆力的训练方法有很多，但以上十种简单而有效。长期坚持，你就会发现，自己的记忆力已经开始突飞猛进，且再也不会认为记忆是一件苦难的事情，从此爱上记忆，再不惧怕记忆。

第三章

应用你的记忆

　　当你充分地了解了你的记忆，学会了各种各样的记忆方法之后，你接下来需要做的就是将这些"理论知识"应用到实践中，利用上面所学到的记忆知识去记忆各种各样的事物。所以接下来，让我们再次高速旋转起我们的大脑，将记忆应用到生活中，解决工作学习中所遇到的一个又一个"记不住"。

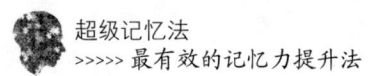

第一节　打破"记不住数字"的烦恼——数字的记忆

▶ 为什么要学会记数字

当今，我们社会的发展方向是趋于信息化、数字化，而这也就说明，在未来的社会当中，我们与数字打交道的时候会越来越多。如：罐头的生产日期的 2014 年 5 月 21 日，吃饭包厢的房间号是 602，超市洗衣液的标价是 9.26 元……各种各样的数字，充斥着我们的生活，一串又一串的数字，逐渐成为了我们工作、生活中必不可少的组成部分。所以，我们的生活开始多了这样一个细节：记数字。

虽然智能化的手机可以帮你毫不费力地存入大串数字，又或者，你可以耗费一点点的时间将一长串的数字写在本子上帮助记忆。可毕竟手机不能持续有电，记录数字的本子不能一直带在身边。所以，记住数字，最终还要用你自己的记忆力。而这就是我们要记住数字最直接的原因。

在这个世界上有很多擅长记忆数字的人，就拿圆周率 π 来说，它小数点后面的数字记忆，就在不断刷新着吉尼斯世界纪录，突破着人类一个又一个的数字记忆极限。下面，让我们来了解下这些记忆数字的高手们，从而了解数字记忆的发展历程。

最初创造这个世界纪录的是一名英国人，这个人在 1977 年的时候背出圆周率小数点后面 5050 位数，创造了这项世界纪录。不过，这项纪录很快就在第二年（1978 年）被一名加拿大的 17 岁中学生打破了。他背出了圆周率小数点后 8750 位。

后来，一名日本人用 3 个多小时的时间，背出了圆周率小数点后 15000 位，再次刷新了世界纪录。

1981 年 7 月 5 日，一名 23 岁的印度青年花费 3 小时 49 分钟（包括

29 分钟的休息时间），背出了圆周率小数点后 31811 位，又将世界纪录刷新，而这一新的世界纪录被载入英国《吉尼斯世界之最大全》。

1987 年，另一名日本人花费了 17 小时 21 分钟（其中包括休息时间 4 小时 15 分钟）背出了圆周率小数点之后 40000 位，世界纪录又一次被打破。

不过很显然，40000 位数字的记忆依旧不能阻挡这些数字记忆天才的前进脚步，更疯狂的数字记忆仍旧在继续。1999 年，马来西亚一名大学生在 15 个小时内准确无误地背出了圆周率小数点后 67053 位，而这是他花费三个月的时间不断练习的结果。

▶ 你知道你为什么总是记不住小小的数字吗

数字的主体是由"0、1、2、3、4、5、6、7、8、9"十个数码组成，虽然看似简单，但是要想牢牢地记住一整串毫无规律的数字，却并不是一件容易的事情。那么，为什么小小数字串会如此难记呢？主要是因为以下几点。

一，因为组成每一组数字串的各个元素及各个元素所在的位置都是确定无疑的，如果我们在记忆的时候，稍有不慎，就会"失之毫厘，差之千里"。所以说，针对数字串而言，记忆的精确度要求是非常高的，我们在记忆的时候一定要更加地认真、细心，不能出现半点的错误，要细致准确。而这也是记忆数字串的难点之一。

二，数字串，顾名思义，是由一串数字组成。而这一串数字中，数字与数字之间，没有明显的逻辑性和规律性。所以，一般人在记忆数字串的时候，都是采用生硬的机械记忆，虽然下了大量苦功，可结果却往往是事倍功半。正是因为这一点，多数人才会感觉记忆数字串是件十分困难的事情。其实，我们在记忆数字串之前，若能先用心地观察下所需要记忆的数字，并对数字串进行人为加工，使其变成某种适合你自己记忆的逻辑性和规律性，那么，记忆数字串，就没有那么难了。

三，因为数字串的形式比较死板、抽象，又没有生动具体的形象，往往为我们的记忆增添了不少的难度。所以，如果我们在记忆数字串的时候，能够人为地为所需要记忆的数字串赋予各种生动、具体的形象，那么，我们在记忆数字串的时候，就会大大减少因机械记忆而产生的枯燥感和无聊感，让记忆数字串的活动变得生动有趣起来。当然，将数字串赋予形象并不是一件简单的事情，且，以数字出现的数字串往往与其他事物之间没有什么必然的联系。所以，我们在记忆的时候，就要尽可能找出或是设想出这串数字串与其他事物之间的联系，只要方便记忆，即使不合理也没有什么关系。

四，我们知道，组成数字串的基本元素是"0、1、2、3、4、5、6、7、8、9"，而也正是因为这样，不少数字串之间看起来并没有太大的区别。比如说，编号"6549986"与编号"6549869"，这两个数字串看起来就十分的相似，只是后面三位数字有着微小的差别。如果在记忆的时候没有特别注意的话，很有可能弄混淆。而且，就算是记住了这两串数字，也很有可能分不清哪串数字该对应哪个编号。针对这个记忆难题，我们在记忆这种很相似的数字串时最好要赋予不同数字串以不同"个性"，这种"个性"要鲜明，尽量减少与其他数字串的相似性，达到不混淆的目的。

▶ 如何记忆数字串

我们知道，记忆讲求方法，但并不是每一种记忆方法都适合于记忆数字串。下面，我们来学习下适合于记忆一般数字串的方法。

1. 利用谐音记忆法来记忆数字串

死板地去记忆一串数字，自然是一件困难的事情，但如果我们能将一串数字赋予特殊、有趣的读音，利用谐音记忆法来帮助记忆的话。那么，记忆一串数字，便不再是难题。

对数字赋予的谐音可以是各种各样的，在适合自己的前提下，你可以为数字元素赋予任何的读音。一般人们经常用的数字谐音有：

0：灵、陵、岭、令、洞、幢、桶、动……

1：益、移、姨、艺、鸭、腰、哟、要……

2：儿、而、尔、两、量、粮、爱、鹅、唉……

3：三、散、伞、扇、删、擅、山、闪……

4：是、死、食、狮、寺、饲、丝……

5：雾、勿、无、壶、虎、狐、我、吾、屋……

6：楼、路、留、刘、溜、柳、顺……

7：妻、凄、泣、气、吃、出、拐……

8：法、把、发、爬、怕、芭、吧、爸……

9：酒、舅、狗、沟、够、久、揪、就……

根据这些数字谐音，我们来尝试记忆一些数字。首先，让我们来记忆一个历史事件：戊戌变法于 1898 年 6 月 11 日开始，9 月 21 日结束，共历时 103 天的时间。如果用比较死板的方法来记忆的话，很容易将这些日期和时间弄混淆，而且，记忆的过程也很呆板无聊。可如果我们借助数字谐音，这个记忆的过程就有趣、容易多了。

1898 年 6 月 11 日至 9 月 21 日：要发就发，六姨姨，就爱你。

历时 103 天：要零散。

经过这样"谐音加工"的数字，我们记忆的时候是不是容易了很多呢？你可以尝试着自己为数字赋予谐音，只有赋予适合自己记忆的谐音，才更方便记忆。

2. 为数字赋予独一无二的意义

要想记忆得深刻，就一定要对你所记忆的东西赋予独一无二的意义。记忆数字也是一样。要想将单调死板的数字深深地刻在脑海里，首先就要为它们赋予独一无二的意义。但是，这个意义应该如何赋予，又或者说，该给这个数字赋予怎样的意义，要看你个人对什么敏感。

举个例子说，淝水之战发生在公元 383 年。首先，我们看到淝水之

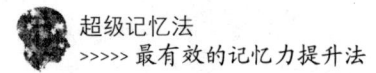
战的"淝"字，大多数人会反应出"肥"。那么，我们便可以在这个"肥"字上做文章，"383"，试想象，"8"好比一个肥胖娃娃的头和身体，两个"3"就好像是娃娃的两个耳朵。这样一来，我们通过这样的方式，就很快记住了，淝水之战发生在公元383年。而且不容易忘记。

3. 假借数字为其他对象

假借数字为其他对象，就是将枯燥的数字假借成一些我们所熟悉的东西或记忆中的对象。因为我们在记忆里已经对一些东西有所印象，无须再记忆第二遍，所以我们在记忆一些陌生数字串的时候，完全可以将这些陌生的数字串转化为熟悉的事物，免去记忆的烦恼。

举个例子，日本富士山高12365英尺。我们通过观察"12365"这个数字串可以发现，这个数字串可以看作是由"12"和"365"两个数字串组成，而这两个数字串正是我们所熟悉的两串数字，12个月，共365天。这样一来，我们就很容易地记住了这个数字串，日本富士山高12365英尺。

4. 对所需要记忆的数字进行透彻的分析，找出其特有的规律

这种记忆数字的方法似乎就要考验你的观察能力了——从一串毫无规律的数字中，找出规律，然后去记忆。

举个例子来说，数字串"74839201"。表面来看，这串数字似乎没有什么规律。但如果我们将这个数字串分成四组两位数："74"、"83"、"92"、"01"，我们会发现这样一个规律，这四组数字中，第一位分别为"7"、"8"、"9"、"0"；第二位分别为"4"、"3"、"2"、"1"。找到了这样的规律之后，这串数字是不是就好记忆多了呢？

再比如说，一些数字具有回文性，就是无论是顺读还是倒读，完全都一样。如1364631、895598。针对这样的数字，我们只需要记住一半便可。

当然，对数字进行怎样的透彻分析，找出怎样的"隐藏规律"，依旧需要看个人的敏感程度。只有最适合自己的，才是记忆最快、最牢、最

准确的。

5. 将数字谱写成曲子

将数字谱写成曲子。这种记忆数字的方式并不是适用于任何人，毕竟，并不是人人都是优秀的音乐家，而谱写曲子这件事情，更不是人人都精通。不过，利用音乐来帮助记忆效果确实很好，如数字串"3563565312"，就正好与歌曲《打靶归来》的简谱相吻合。这样，我们在记忆动听旋律的同时，也顺便牢牢记住了这串毫无规律、单调、死板的数字串。

6. 将数字形象化

将数字形象化就是将呆板的数字转化成比较形象的"模样"，方便记忆。比如说《数字歌》，就帮助我们给数字赋予了十分生动的形象。

《数字歌》

"1"像树枝细又长；"2"像小鸭水上漂；"3"像一只小耳朵；"4"像小旗随风飘；"5"像衣钩墙上挂；"6"像豆芽开心笑；"7"像镰刀割小麦；"8"像两个小圈圈；"9"像蝌蚪小尾巴；"0"像鸡蛋做蛋糕。

7. 将数字进行特殊的运算

将数字进行特殊的运算。这里所说的运算并不是去计算这个数字，而是通过某种特殊的运算形式，使我们在记忆的时候印象更加深刻。

最简单的一个例子，三国时期，魏、蜀、吴三国的建立时间分别为220、221、222年。针对这三个时间，我们只需要记住一个便可以。比如说我们记住了魏国建立于220年，那么，利用叠加法，加一年就为蜀国的建立时间，再加一年则为吴国的建立时间。同样，如果记住的是蜀国的建立时间，那么，减一年为魏国，增一年为吴国。

再举一个例子，塔里木河长2137公里。这个"2137"该如何记忆？根据乘法运算，$21 = 3 \times 7$，这样一来，我们便很轻松地记住了这个数字串。

以上所述的七种记忆数字的方法，每种记忆方法都各有千秋，我们

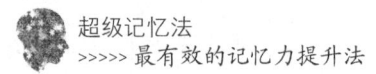
在应用这些记忆方法记忆数字的时候，一定要找准方法，找到最适合自己的方法才能记得最快，记得最准，记忆保持的时间最长。同时，当我们在应用各种记忆方法记忆数字的时候，还要遵循一个原则，就是千万不可以画蛇添足。不要因为掌握了多种记忆方法而影响了自己的正常记忆。

▶ 记忆电话号码的必要性及记忆方法

随着电话的普及，我们的大脑便又多了一项工作：记忆电话号码。对于科技如此发达的今天来说，我们真的有必要去用大脑将电话号码记住吗？很多人一定认为这项工作看起来丝毫没有必要，因为高档手机完全可以帮你将一个又一个长串的电话号码存进通讯录，或者你也可以将家人、朋友们的电话号码写在本子上做备注。不过，生活并不是永远只按照你所希望的那样去发生。手机里的号码可能因意外而被清空，记在本子上的号码可能会忽然消失不见，当你想给某个人打电话时，却发现记着他电话号码的本子并没有带在身上。如果你经历过以上这些事情，你还认为记忆电话号码是一件没有必要的事情么？

再或者，当你在某处看到一条符合你现在境遇的宣传信息时，上面正好有你需要的求助热线。可这时你身边没有纸，也没有笔，更没有手机等电子产品。怎么办？你唯一的办法就是将这串号码快速、准确地记忆下来，且还要保证在你找到电话之前依旧记着这串号码。

通过以上的分析，相信你已经完全地相信，将一些重要的电话号码记在自己的脑海中，将其变成"不可遗忘的电话号码"是非常有必要的一件事情。那么，一串又一串毫无规律可言的电话号码又该如何记忆呢？

其实记忆电话号码并不是一件特别困难的事情，它是数字串的一种，所以各种记忆数字串的方法都是可以用来记忆电话号码的。但是，电话号码还存在着它的特殊性。所以针对电话号码，我们还可总结出一些记忆的小窍门。

1. 减少部分记忆

我们知道，我国的电话号码一般分为固定电话号码和移动电话号码。固定号码前面都会有区号，比如北京的区号010，广州的区号020，上海的区号021，深圳的区号0755，等。只要我们首先掌握了这些区号，那么在记忆一些固定电话号码的时候，就会方便很多。而记忆这些区号也并不需要刻意去记，只要平时稍微留心记忆就可以了。

再有，我国移动电话号码一般是由11位数字组成，开头前两位多为"13"、"15"、"18"，那么，我们在记忆一串电话号码的时候，也就相当于减少了一部分的记忆。

所以说，当你要记忆一长串的电话号码时，首先寻找这串电话号码中可以"忽略"的部分，帮助自己减少部分记忆，从而方便了我们的记忆。

2. 寻找相联性

一般来说，一个电话号码只属于一个人。那么，我们在记忆电话号码的时候，完全可以从号码的主人身上找到一些与号码相关联的事物。

举个例子来说，一个人家住在某小区的78号楼，而这个人的手机号码末尾又恰巧是"78"，那么，我们便很容易地记住了这个人的手机号码末尾数位是"78"，想到尾数，从而再联想出号码的其他数字。再如，某个男人的手机末尾号码为2727，而他又十分疼爱自己的妻子，那么，我们便很容易就记住了他的手机后四位电话号码为"2727"（爱妻爱妻），再除去开头号码（"13"或"15"或"18"），我们只需要再记住五位数字便可以了。

所以说，记忆电话号码也有它的窍门所在，只要你能找到适合自己的记忆方法，你的大脑就是你永远不丢失的最佳通讯录。

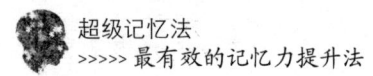

▶▶ 教你用 5 分钟的时间记住一整副扑克牌

1. 我们为什么要记忆扑克牌

我们为什么要记忆扑克牌呢？其实原因很简单，首先，记忆扑克牌可以锻炼我们的大脑，是提升我们记忆力最有效的手段之一。其次，记忆扑克牌可以使我们充分地利用有效的记忆方法对数字进行记忆。清楚了这两个记忆扑克牌的原因之后，下面，就让我们走进神奇的扑克牌记忆之旅。

2. 记忆扑克牌，首先从了解扑克牌开始

要想记忆一整副扑克牌，我们首先要了解一整副扑克牌的组成。一副扑克牌（除大、小王）共有 4 种花色：红桃、黑桃、梅花、方块。每种花色均有"A、2、3、4、5、6、7、8、9、10、J、Q、K"13 张牌，也就是说，带花色的牌共有 13×4＝52 张，加上两张大、小王共 52＋2＝54 张牌组成了一整副扑克。

3. 扑克牌的记忆关键

一整副扑克牌要如何记忆呢？死记硬背肯定是下下策，而且，除非你过目不忘，不然，就算是死记硬背，你也不见得可以灵活地记住一整副扑克牌。

举个例子来说，当从一副扑克牌中抽出 8 张牌的时候，自认为记忆力不错的你可能会花费比较短的时间将这些纸牌全部记住。但如果要是从一副扑克牌中抽出 15 张、20 张甚至 30 张牌的时候，可能记忆就不那么容易。

所以说，记忆扑克牌也要讲求方法。就好比是一长串毫无规律的数字，如果不讲求方法地去记忆，就很有可能记不住、记错。

扑克牌是数字的另一种表达方式，它的记忆是单纯而抽象的，所以要想单纯地硬记下这种对大脑刺激不足的抽象事物，其实是很困难的。所以，扑克牌的记忆关键就是，我们需要将抽象的事物变得生动形象化，

有效地刺激我们的大脑，为记忆加深印象，从而方便记忆。

4. 扑克牌的记忆步骤

扑克牌的记忆步骤是怎样的呢？我们采用的是记忆宫殿的记忆方法。

首先，我们需要做的就是将扑克牌转换成数字，然后将数字转换成图像，最后针对这些图像进行形象记忆。当我们记忆完成之后，回忆的过程是完全相反的，就是先由图像联想数字，然后再将数字转换成扑克牌。下面，让我们来看看每一步具体是怎样实施的。

（1）将扑克牌与数字联系到一起

如何将扑克牌与数字联系到一起？要知道，一副扑克牌共有54张，那么，我们在转换的时候，就要将54张扑克牌对应54个数字。从而使我们对一张牌进行记忆的时候，可以找到唯一与其相对应的数字。而且，这里需要说明的是，扑克牌所对应的数字必须是有规律的，并不是随意转换的。我们可以这样设定：

因为红桃是一颗爱心的形状，所以我们用数字"1"代表红桃这个花色，那么，红桃A到红桃10这10张牌所对应的数字就为：11、12、13、14、15、16、17、18、19、10；

黑桃紧随红桃后面，所以用数字"2"代表黑桃这个花色，那么，黑桃A到黑桃10这10张牌所对应的数字就为：21、22、23、24、25、26、27、28、29、20；

梅花共有三个花瓣，所以用数字"3"代表梅花这个花色，那么，梅花A到梅花10这10张牌所对应的数字就为：31、32、33、34、35、36、37、38、39、30；

方块共有四个边，所以用数字"4"代表方块这个花色，那么，方块A到方块10这10张牌所对应的数字就为：41、42、43、44、45、46、47、48、49、40。

设定完了A到10之间的数字，现在让我们来设定J、Q、K。

J、Q、K是三张人物牌，所以我们在为其设定数字的时候，可以这

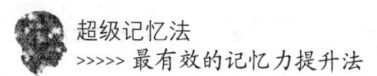
样想，这三张牌是比较特殊的牌，所以要在一般纸牌的基础上增加一些数字，增加多少呢？就增加 40 吧。

那么，红桃 J、红桃 Q、红桃 K 所对应的数字就分别为：51、52、53；

黑桃 J、黑桃 Q、黑桃 K 所对应的数字就分别为：61、62、63；

梅花 J、梅花 Q、梅花 K 所对应的数字就分别为：71、72、73；

方块 J、方块 Q、方块 K 所对应的数字就分别为：81、82、83。

设定完了 J、Q、K 之后，再设定大、小王两张。简单些，大王是老大，就用数字"1"表示，小王是老二，就用数字"2"来表示。

就这样，我们将 54 张扑克牌按照规律设定成了 54 个数字。当然，数字应该如何设定，按照什么样的规律去设定，还要根据个人的习惯，毕竟只有自己最习惯的方式才是最有效的。

（2）让数字变得灵活形象

为每张牌都设定好数字之后，接下来就让我们充分地发挥想象力，使每个数字都变得灵活形象吧。

举例来说，大王是数字"1"，我们可以根据它的形象，将其想象成一根木棍，那小王数字"2"呢？根据外形将其想象成小鸭子。

想象的方式并不一定要按照某种死板的方式，比如，红桃 4 对应数字"14"，我们就可以联想到，14 号是浪漫的情人节，所以将 14 赋予的是"情人节"的形象。红桃 5 对应数字 15，让我们联想到正月十五的月亮，所以，将 15 赋予"月亮"的形象。黑桃 A 对应数字 21，谐音"爱你"，所以为 21 赋予形象"爱你"……

至于 54 个数字分别赋予什么形象，完全是依个人的喜好，将数字赋予最容易让自己记住的形象，才是对我们的记忆最有帮助的。

（3）记牌

给每张纸牌设定数字，为每个数字赋予形象，在完成了这两个步骤之后，我们就可以开始记牌了。如何记忆呢？我们还需要一样东西帮忙

——房间（或某些你所熟悉的地点）。

可能说到这，会有很多人不明白为什么记忆扑克牌还要借助房间来帮忙。其实，这个房间并不是要你找出一个或者多个真实的房间，这些房间完全是你想象出来的。什么意思呢？

当我们在记牌的时候，需要将牌转化成数字，数字再想象成形象的画面，而我们想象房间，就是用来装这些形象画面的。通常，一个房间可以放2组数字，也就是4位数字，也就是两张牌。换句话说，让一个房间来帮助我们记忆两张牌。一副没有大、小王的扑克牌共52张，那么，我们只要想象出26个不同的房间就可以将一副牌全部记住了。

可能这样描述有些复杂，下面让我们通过一个例子来学习如何利用房间记牌。

10张毫无规则的扑克牌：红桃A、红桃4、方块2、梅花6、红桃2、梅花2、方片6、红桃3、方块5、黑桃5。

首先，我们将这些扑克牌转换成数字，并赋予鲜活的形象。

红桃A：11，筷子；

红桃4：14，情人节；

方块2：42，死鹅；

梅花6：36，香炉；

红桃2：12，婴儿；

梅花2：32，仙鹤；

方块6：46，石榴；

红桃3：13，医生；

方块5：45，水母；

黑桃5：25，二胡。

接下来，就让我们将这些数字以两个为一组放入一个房间，然后进行想象。

房间一：红桃A（11，筷子）、红桃4（14，情人节）

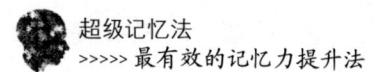

想象，一双筷子，正在这个房间内，在一桌丰盛的晚餐前，点起两根蜡烛，过着浪漫的情人节。或许，你在想象的时候可以在其中加入一些滑稽有趣的情节，如筷子穿着正式的西装，系着色彩艳丽的领带，等。这样做的目的就是为了可以加深我们的记忆力。

房间二：方块 2（42，死鹅）、梅花 6（36，香炉）

想象这样一个画面，一只死掉的企鹅（死鹅）躺在这个房间里，旁边是一个香炉。然后你可以为这个画面设定某种故事情节，或许，这只企鹅是因为贪玩，跳到有燃香的香炉中，然后被烫而死。又或者，这只企鹅可能正在这个房间里玩耍，忽然一个香炉从天而降，将这只企鹅砸死了。故事的情节是怎样，要如何去想象，完全看个人的想象空间，并没有局限性，越是夸张，越是滑稽可笑，越是容易记住。

房间三：红桃 2（12，婴儿）、梅花 2（32，仙鹤）

这个房间很与众不同，它很大，大到可以包含下广阔的蓝天。而在这片蓝天中，有一个骑着仙鹤的婴儿正在空中愉快地飞翔。

房间四：方块 6（46，石榴）、红桃 3（13，医生）

这个房间是一个医生开设的诊室。这天，这个医生的诊室里挤满了各种各样的病人，他们都是听闻这个医生的高超医术之后前来就诊的。可面对这样多的病人，这个医生却是一脸悠闲的神色，舒服地坐在靠椅上，看着窗外的天空，手中拿着一个吃了一半的石榴。

房间五：方块 5（45，水母）、黑桃 5（25，二胡）

这是一个属于海洋的房间，房间里是青蓝色的海水。海水中漂浮着可爱的水母。仔细一看，水母们正"抱着"二胡徜徉在自己的艺术情调中。

经过这样的想象之后，你是不是对五个房间里的故事记忆深刻呢？而当你试着回忆的时候，再将房间里的故事转换成数字，再将数字转换成纸牌。于是，便完成了一次纸牌的记忆。

纸牌的记忆需要多次的练习，需要你对每张纸牌有一个很形象化的认识。比如说，看到红桃 A，你马上就可以想象出筷子，看到方块 4，你很快就能对应出死鹅。当然，每张纸牌对应哪种事物，完全是按照个人的习惯与敏感程度。同时，你对纸牌越是熟悉，你在记忆纸牌的时候越是轻松。只要肯坚持，你的记忆能力就会有一个很大的提升。

第二节　教你成为背单词高手——英语单词的记忆

▶ 找对"病症"：你为什么不会背单词

想要学好外语，最基本的，就是要掌握大量的单词。因为词语是一门语言的基础，想要学会"说句子"，首先要学会"说单词"。同样，如果你没有一定词语的积累，也不可能听懂别人讲什么。所以说，单词是学习外语的基本编码，而学会如何背单词，更是学习外语知识的制胜法宝。

但是，往往大多数学习外语知识的人，都不懂得该如何背单词。为了"对症下药"，在学习记忆方法之前，我们首先要做的，是找对"病症"，搞清楚，你为什么不会背单词。

常见的"病症"主要为以下几种。

病症一：不讲求记忆方法，永远死记硬背型

这是记忆单词最典型的错误方法，然而却是大多数学习者最习惯的记忆方法。学习者往往看到一个新单词之后，第一反应就是无限循环地去重复它的拼写，然后再无限循环地去硬背它的意思。夸张些说，可能你记住了这个单词的拼写及意思，却还不知道这个单词的读音。而这便是我们所说的"哑巴英语"。

死记硬背的确可以让你记住单词，但这只是暂时性的记忆。很容易出现"记忆错误"或者遗忘。所以说，我们在记忆的过程中，适当地讲

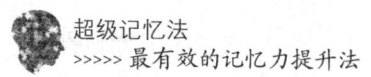
求一些方法，凭借理解去记忆，这样既能记得快，又能记得牢、记得准。

病症二：情有独钟一种记忆方法，呆板不懂变通型

我们知道，记忆的方法有很多种，而针对词汇记忆的方法也是多种多样的，如词根记忆法、联想记忆法等。但需要注意的是，每一种记忆的方法都并不是适用于任何单词的记忆。

比如说，我们记忆东（east）、南（south）、西 west、北（north）这四个英文单词，通过细心观察可以发现，这四个单词的首字母组成了一个新的英文单词 NEWS（新闻），于是我们可以这样理解，东、南、西、北的新鲜事，组成了这个世界的大新闻（news）。于是，轻松记住了这四个单词。

轻松记住了四个单词之后你发现，这个记忆单词的方法不错，于是你还想用这种方法记忆上（up）、下（down）、左（left）、右（right），可观察了半天，也没有发觉这四个单词之间有什么关联，反而越记越乱。最后哪一个也没记住。

所以说，我们在记忆单词的时候，不能只依赖于一种记忆方法，要学会变通，找到最适合这个单词的记忆方法。同时，我们也不要跟随别人的记忆方法走。因为一个记忆方法可能适合他，但却不适合你。只有找到最适合自己的方法，才能迅速提升你记忆单词的能力，使你成为一个记忆达人。

病症三：太过高估自己的能力，急功近利型

人都是骄傲而懒惰的，在背单词这件事上这一点被体现得淋漓尽致。

为什么这么说，举个简单的例子，一个人在参加过"学习外语动员大会"后，深受鼓舞，立誓要将外语学好。于是买了厚厚的一本词汇书，并打算在一个月的时间内将这本词汇背完。在这一点上，人是骄傲的，因为他对自己的记忆能力有着绝对的自信，所以才认定自己在一个月的时间内能够将所有的单词记到脑袋里。

接下来，这个人按照自己的计划，开启了每天疯狂背单词的模式。

可结果怎么样？这个人可能单词还没有背到一半，就因为每天投入了大量的精力去背诵单词而感到枯燥、乏味，最后扔下还有一大半没背的单词书而宣布放弃。这一点，人是懒惰的。

又或者，这个人真的按照自己的计划，利用一个月的时间背完了一整本的词汇书。可当反馈学习的时候却发觉，先背的单词忘得一干二净，后背的单词经常搞混关系。那么，这样背单词又有何意义呢？

所以，我们在记忆单词的时候，不要太过急功近利，更不要太过高估自己的能力。给自己制订一个合适的目标及记忆计划。这样才能将单词记得准、记得牢。

病症四：第一页不背完，绝不翻开第二页，执着死板型

很多人在背单词的时候充分体现了一种"执着"的精神，翻开单词册，第一页，共十个单词，偏偏卡在了第十个单词背不会，于是开始反反复复地记忆这个单词，记不下来，绝不开始背下一页。

这种记忆单词的方式效率低，遗忘率高，挫折感强。而且，背单词本来就是一种重复记忆的过程，可我们的大脑又偏偏对重复的东西不感兴趣。所以我们要迎合大脑的欢心，最好的方法就是战略上重复，战术上不重复。什么意思呢？简单点来讲就是说让重复的周期适当延长，短时间内尽可能看更多新单词，然后以一个长的时间周期去重复，这样就达到了必要重复避免遗忘的目的。至于重复的周期为多久，则要根据自己的能力而定，不要太长，也不要太短。

病症五：将背单词看作是一件极其痛苦的事情，苦情挣扎型

对于一些不懂得找到适合自己记忆方法的人来说，背单词的确是一件痛苦的事情。这些人往往还没有开始背单词，就已经开始感觉浑身不自在，痛苦不堪。在记忆的过程中，要不断选择舒适的环境，感觉这里太暗不适合背单词，感觉那里太吵，不易于记住意思。背的时候总感觉自己耗费了太多脑力，边背边考虑是不是应该吃点什么补品来补充下脑力。

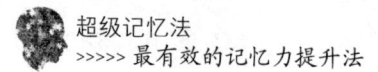

如果还没开始背，就已经感觉记忆的痛苦了，那无论过程中怎么努力，单词都不会乖乖跑到脑袋里去的。所以说，兴趣是最好的老师，要想学会背单词，首先就应该提高对单词的兴趣。那么，要如何提高对单词的兴趣呢？首先，可以多听一些英文歌曲，多看些英文电影，提高对英语的兴趣。这样一来，你就会"想要背单词"，有了这样的态度之后，在记忆单词的过程中，再不断地摸索一些适合自己的记忆方法，使自己逐渐感觉背单词并不算一件痛苦的事情，从而爱上背单词。

▶ 利用发音背单词，让你会读就会写

在英文单词中，发音是有规则的，所以根据英文单词的这一特性，我们完全可以利用发音来记忆单词。我们将这种方法称之为"发音记忆法"。

要想掌握发音记忆法这种单词记忆方法，我们首先要掌握英语的发音规则，掌握音节知识。

比如说，组成英文单词的字母分为元音字母和辅音字母。发音分为元音和辅音，且元音和辅音在发音上有着各自的规则。元音发音响亮，是乐音，口腔中气流不受阻碍，是音节的主要组成部分；辅音发音不响亮，是嗓音，口腔中气流受到阻碍，不是音节的重要组成部分。于是，我们就可以根据这一发音规则，将单词按照元音字母、元音字母组合、辅音字母及辅音字母组合在开音节和闭音节的读音规律上进行记忆。如：ea, ee, er, ir, ur, or 等。

再有，一些固定的字母组合如：fion, ture, ing, ly, ty 等；或前缀：a-, re-, un-, dis-, im-等；或后缀：- ed, - ing, - ly, - er, - or, - ful, - y 等。它们都是有着固定的发音，如果掌握了这些规则，那么，我们在背单词的时候，就不需要一个字母一个字母地去记忆了。

所以说，我们在背单词的时候，应该多读，尽可能多地发现读音规律，然后再经过不断地巩固，加深印象，达到将单词记忆深刻的目的。

▶ 掌握"派生法"，用最简单的方法来扩大你的词汇量

在英语中，有一种构词法，名叫"派生法"，意思就是说，在某一词根的前面或者后面加上一个词缀，产生新词语。如果你能充分地利用派生记忆法来记忆单词的话，那么，你记忆单词的速度将会比别人至少快二倍。下面，就让我们通过举例子的方法来了解下这种针对英文单词的记忆方法。

1. 前面加词缀，改变语义不改变词性

举个例子来说明下，比如说，common 这个单词的意思是普通的，如果在前面加上"un"变成"uncommon"时，这个词在语义上就发生了一些改变，变成了"不普通的"，但词性并没有发生改变。所以，我们在记忆这两个单词的时候，只要记住一个"common"，便可记住另外一个"uncommon"。而这，便是派生记忆法的"记忆捷径"。

一般的否定前缀有"un"，"in"，"im"，"il"，"ir"，"non"，"dis"，"mis"，"mal"。

2. 后面加词缀，语义不变，词性改变

再如，一些单词在词尾上加了后缀后，其语义没有改变，而词性发生了改变。比如，朋友的英文单词"friend"，当这个单词后面多了一个"ly"词缀的时候，它的词性就有所改变了，从名词变成了形容词，但在词义上并没有发生改变。

一般表示"人"的后缀主要有"er"，"or"，"ar"。

形容词后缀有"ful"，"ous"，"ent"，"ant"。一般来说，动词加上这些后缀，构成了形容词，表示主动意义。

派生记忆法虽然可以翻倍地增加你的记忆能力，但是在运用这种记忆法的时候也不可以"随便用"，甚至自己"造词"、"编词"，要认真总结词语的词性词义，然后将派生记忆法充分发挥。

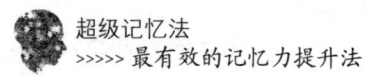
▶ 教你学习英语小窍门，让你一眼就能看出单词的意思

正在学习英语的你，是不是感觉记忆单词是一件很痛苦的事情呢？即使掌握了大量的记忆方法，你依旧特别想找到一种方法——让自己一看就能迅速认出这个单词，无须再浪费记忆时间。其实，当你拼命记忆大量单词的时候，你有没有想过这样两个问题：第一，世界上说英语的国家都有哪几个？第二，针对这些说英语的国家，他们在记忆英文单词的时候，也是将英语特意翻译成汉语然后强行记忆的吗？

下面，让我们依次来回答这两个问题。第一，世界上以英语为母语的国家共有十余个：美国、加拿大、英国、爱尔兰、澳大利亚、新西兰、南非等；第二，针对这些说英语的国家，他们在学习英语、记忆单词的时候，当然不可能将每个单词都先翻译成汉语，然后再逐个根据汉语的意思去记忆这些单词。这就好比我们中国人开始识字的时候，我们当然不会首先将每个汉字都翻译成英文单词然后再去记忆。这也就是说，我们中国人学习汉字，有我们中国人自己的方法，而外国人记忆单词，自然也有外国人自己的方法，且他们的方法是绝对不需要将每个单词都翻译成汉语，然后再硬性地去记忆。这一节，我们就要学习外国人记忆单词的方法——教你如何一眼就能看出英文单词的意思。

1. 记单词就像识汉字

其实英语和汉语一样，都是一种人与人之间沟通、交流的最直接工具，只不过英国人用英语交流，泰国人用泰语交流，法国人用法语交流，而我们中国人用汉语交流罢了。所以说，我们学习英语就像英国人、美国人学习汉语，目的都是为了能与更多的人进行沟通、交流。

记忆单词是学习一门语言的基础，也是掌握一门语言的第一步，要知道，就算是英国人也并不是一出生就可以讲一口流利的口语，他们也需要学习，需要累积，需要从最简单的"yes"、"no"开始慢慢地学习。

我们知道，我们中国人在识字的时候，首先是从每个字的偏旁部首、每个字的读音开始学习，如，"歪"字，上"不"下"正"，"不正"当然是"歪"；再比如，"唱"字，要有"口"才能"唱"。其实，英文单词的构词原理与汉字是一样的，也有着专属含义的"偏旁部首"，下面，就让我们来了解下，如何依靠英文单词的"偏旁部首"来帮助我们记忆英文单词。

2. 你还在尝试将英文单词翻译成汉语去强行记忆吗

对大部分人而言，记忆英文单词就是一个将英语翻译成汉语然后强行记忆的过程。事实上，我们只要掌握了单词的"偏旁部首"，就完全可以根据"偏旁部首"的意思来直接推测单词的意思，可能在刚开始采用这种识单词方法的时候还达不到百分之百的准确度，但起码可以推测个大概，然后等弄清楚单词的准确意思之后，可以恍然大悟地领会单词的意思，从而大大增强了"看出单词意思"的能力。

举例来说明，英文单词"representative"。可能你曾对这个单词有过记忆，可以快速准确地说出这个单词的意思是"代表"。但是现在，我们完全可以通过另外一种方式对这个单词进行理解。首先，我们来观察"representative"这个单词的拼写："re—pre—sent—a—tive"。在英语中，"re"属于一个有固定意思的"偏旁部首"，有"回来"的意思，如"return（返回）"；"pre"也属于一个有固定意思的"偏旁部首"，有"提前、预先"的意思，如"precast（预制的）"；"sent"这个偏旁是"发出去、派出去"的意思；"a"的作用是充当两个偏旁部首之间的一个"连接件"，如果没有它两个辅音字母"t"就要连在一起了，发音会分不开，会费劲，所以要用一个元音字母"a"隔开一下；偏旁"tive"代表的意思是"人"，如"native（本地人）"。这样一来，将这个单词中的几个"偏旁部首"的意思连接起来就是"回来—预先—派出去的一人"，也就是说，一个预先派出去的人，意思即为"代表"。这样一来，我们就将这个单词彻底认识了，也彻底记住了。

再举个例子，单词"psychology"的意思是心理学。当我们在理解这

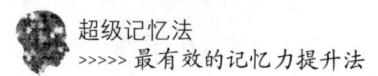
个单词的时候可以这样看，"pys"是"知道"；"cho"是"心"；"lo"是"说"；"gy"是"学"；"logy"综合起来是"学说"的意思，而"psy-chology"这个单词连起来的意思就是"知道心的学说"，不难理解，就是"心理学"。

通过以上两个例子，我们已经可以清楚地认识到，对单词的认识，其实并没有必要去死记硬背其汉语意思，熟练地掌握"识别偏旁部首"的方法，可以让我们真正地去认识一个单词，可以帮助我们掌握一种识读英语的思维，从而更有效地提高我们的英语水平。

而当你真正地掌握了这种"识别英文"的方法之后，你可能还会发现，一些英文单词用汉语翻译过来之后，意思往往很勉强。毕竟，英语和汉语是两种不同的文体，二者在文字上本来就不是一一对应的。其实，英语中的"偏旁部首"学名叫作"字根"。常用的字根有二百多个，在英语中就像26个字母一样普通而重要，类似于我们汉字的偏旁部首。所以说，当我们开始学习英文的时候，不要死板地去记忆意思，要学会运用字根，用最科学、最高效的方法来学习英文，从而有效地提高英语能力。

▶ 让听力来帮你记单词

如果你感觉看着单词册去记忆单词是一件枯燥、死板的事情，那么，你完全可以利用听力来帮助你记单词。

我们知道，记忆是立体的，最好的记忆方法就是充分发挥我们的感知觉来帮助我们记忆，这样才能让记忆深刻，记得牢、记得快。而利用听力来记忆单词，便是多了一种感知觉来参与我们的记忆，我们将这种记忆单词的方法称之为"过耳记忆法"。

"过耳"，就是找出音频资料或是录制自己专属的单词本，在闲暇的时候不断地听。坐公交的时候，洗衣服的时候，喝咖啡的时候，望空发呆的时候等。我们都可以去听单词、记单词。这样，我们既没有耽误时间，又可以在脑海里不自觉地浮现一遍单词，从而达到复习、加深记忆的目的。同时，这样做还可以避免一个我们常犯的错误："听说断层"。什么叫"听说断层"？就是当我们听到一个单词的时候，往往感觉很熟悉，可就是想不起这个单词是什么意思。等细思量后才在脑海里浮现出这个单词的基本形态来。而这个基本形态就是眼睛记忆时大脑对这个单词的烙印，一旦听到此单词时大脑出现了短暂的停滞，而这也是单词记忆中比较常见的一个问题。如果我们运用"过耳记忆法"来帮助我们记忆单词的话，就完全可以克服掉这个问题，把自己的耳朵叫醒，让我们的耳朵来帮助我们轻松地记忆单词。下面，让我们来了解一下一个英语小天才是如何记忆单词的。

姚同学是某小学五年级的一名小学生，姚同学从 6 岁的时候开始学习英语，小小年纪就已经通过了全国英语等级考试（PETS）一级。被老师和同学们称之为"英语天才"。

姚同学虽然年纪小，但在学习英语方面，她可有着自己的一套"专业方法"，尤其是在记忆单词方面，小小年纪的她可以说是半个小专家。那么，这名英语小天才在学习英语的时候，是如何去记忆那些枯燥的英文单词的呢？姚同学是怎样利用听力来帮助自己记忆的？

姚同学每天清晨醒来的第一件事情，就是要听英语。为了方便记忆，她往往在听之前，会先听一遍中文的，然后再听英文，这样就便于理解，方便了记忆，同时也增强了学习英语的兴趣与信心，不知不觉间就增加了自己的词汇量。增加了词汇量，英文水平自然就上升了。

而英语天才姚同学在记忆单词的时候所运用的就是"过耳记忆法"，将听力与记忆相结合，记得快、记得牢、记得准。运用这种方法来记单词，你也可以成为英语天才。

▶ 通过联想赋予单词"鲜活形象"，让单词不再死板

人类的想象力是无边无际的，运用的范围也是十分的广泛，故而，我们还可以通过联想的方法来帮助我们记忆单词，为单词赋予最合适的

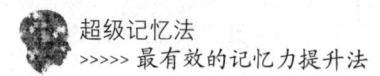
鲜活形象，让你所记忆的单词不再死板、呆滞。从而达到"轻松记忆，铭记于心"的目的。下面，让我们通过几个例子来了解下这种记忆单词的方法。

1. 撒谎（lie），躺下（lie），放置（lay）

英文单词并不像汉语这样博大精深，通常一个简单的词语蕴含着几种毫无关联的意义。就拿"lie"这个单词来说，它可以是"撒谎"，也可以是"躺下"的意思，但不同的含义有着不一样的时态变换，所以我们在记忆的时候往往会将这两个词语弄混淆。外加"lay"这个单词，三个看起来很像，可词义却大不相同的词语，我们在记忆它们的时候，该如何做到准确无误呢？这时，我们便可以充分地利用起联想记忆法。

首先，关于"撒谎 lie"，我们可以这样记忆。

我们人类，无论是谁，一生当中多多少少都会说几次谎话，或许是迫于无奈，又或许是出于善意。所以，"撒谎"对于一个人来说，该是一件很正常的事情，于是我们便可以通过这条"联想"来记忆，"lie"是一个正常的动词（规则动词），过去式及过去分词均为"lied"。

接下来，记忆"躺下 lie"。

这个词是一个不规则动词，如何记忆？我们可以这样联想。因为我们每个人躺下的姿势都是不一样的。所以说，"躺下 lie"则是一个不规则动词。"lie"的过去式是"lay"，过去分词是"lain"，这又该如何记忆呢？我们这样想，因为我们每个人在躺下的时候，首先要做的事情就是先将自己"放下"，所以，过去式为"lay（放下）"，然后再想，我们为什么会躺下？因为懒一懒，所以，记住其过去分词为"lain（谐音为'懒'）"。

最后，"lay（放置、下蛋）"的记忆。

"lay"的意思是放置、下蛋，过去式和过去分词都是 laid，如何记忆呢？我们可以根据其读音进行联想，laid，谐音"累的"。无论是人将一样东西放置，还是鸡、鸭等小动物下蛋，都一定是非常"累的"，所以通过这样的联想来记忆，lay 的过去式及过去分词为"laid"。

通过联想的方式来记忆这些非常容易混淆的词语，是不是轻松了很多呢？当然，在记忆的过程中，并不一定要非常死板地去恪守某一种思维的记忆方式。你完全可以找到最适合自己的记忆途径，因为无论是记忆数字还是记忆单词、事件等，只有找到最适合自己的记忆途径，才能将所需要记忆的东西记得快、记得牢、记得准。而学习记忆方法的目的，只是要告诉你该如何去记忆，记忆的大致方向是怎样的。而记忆的细节，还是需要你自己去找到最适合自己的方式。相信聪明的你在经过不断地练习和摸索后，一定会找到最适合自己的记忆之路。

2. 把词语"穿成串"，串联出有趣的小故事

9 个词语，你能用最快的方式来记忆它们吗？

1. waver（v.）动摇，犹豫；2. weather（v.）风化，侵蚀；3. welfare（n.）福利；4. wheedle（v.）劝诱，哄骗；5. whim（n.）奇想；6. whir（v.）急速旋转；7. whit（n.）一点；8. whittle（v.）砍，削；9. wholesome（adj.）健康的，有益健康的。

通过前面对记忆方法的学习，相信你一定能找到一种快速的记忆方法。不过，针对这种"群组式"的单词记忆，我们还可以利用一种"串联故事"的方式来帮助我们记忆，在为我们记忆增添乐趣的同时，还会在不知不觉间提升了我们的记忆速度。

首先，仔细观察这 9 个词语——毫无关联的 9 个词语，然后充分发挥我们的想象力，编撰出一个小故事。设想这样一个情景，一个伟大的革命战士在一次战斗中，不小心被敌军给俘虏了。而在敌人的军营中，敌军会对这名战士做出怎样的事情呢？

敌人为了 wheedle（诱惑）这名伟大的革命战士，居然许诺给他 wholesome（有益健康的）welfare（福利）待遇，不过这名战士面对敌人的诱惑。却丝毫没有 waver（动摇）。面对革命信心坚定的战士，敌人突发 whim（奇想），说要将他扔进 whir（急速旋转）的机器里。但勇敢的战士面对这一切，依旧没有露出丝毫惧怕的神色，whit（一点）也不害

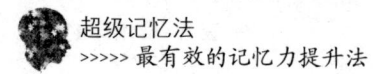
怕。毫无办法的敌人非常的生气，于是将战士的头颅 whittle（砍）下。勇敢的战士壮烈牺牲，百姓们为了纪念他，为他建立了纪念碑。多年过去了，纪念碑经过多年的 weather（风化）仍然屹立着。

利用这种方法来记忆单词是不是让记忆单词变得有趣很多呢？如果你还没有熟练地掌握这种记忆单词的方法，那么接下来，我们再来串联一组单词的记忆。

1. weird（adj.）奇异的；2. whoop（v.）大声叫，呐喊，欢呼；3. wield（v.）控制，支配；4. wistful（adj.）渴望的；5. wit（n.）智力，才智，智能；6. withdraw（v.）取回；7. wither（v.）枯萎、（vt.）使凋谢；8. witness（v.）目击；n. 证人；9. witty（adj.）机智的，风趣的；10. wobble（v.）摇晃；11. worldly（adj.）现世的，世俗的。

在整体记忆这些单词的时候，或许是因为单词的个数太多，所以我们没有办法用一个故事将所有的单词全都记忆下来，那么，我们就可以编撰两段小故事来进行记忆。当然，这两段小故事之间一定要有一些关联性，因为这样才能方便我们的记忆。再看些单词，首先，我们可以设想这样一个情景。某一个小区内突发了这样一个情况，一只小猫因为淘气，而被卡在了一个高层建筑的排水管道上。人们纷纷围观，可却没有一个人有能力出面去救助小猫。

这时，一个 witty（机智的）年轻人走出人群，利用自己的 wit（才智）与勇敢，爬上建筑 withdraw（取回）了受惊的小猫。很多群众都 witness（目击）了这一救助小猫的情景，为这个勇敢的年轻人 whoop（呐喊）。唯有一个 worldly（世俗的）老者站在角落里 wobble（摇晃）脑袋。

那么，这个老者为什么会摇晃脑袋呢？接下来，我们便可以继续发挥我们的想象力，再编撰一个故事。

原来，这个老者不是别人，正是这个年轻人的父亲。老者之所以摇晃脑袋，是因为他在感慨着岁月的匆匆流逝。曾经，这个老者还是一个年轻人的时候，他曾 wield（控制）着这个地区的一切。中年的时候，他 weird（奇异的）可以徒手爬上 20 层高楼。如今，他老了，但生命之花仍然没有 wither（枯萎）。他依旧 wistful（渴望的）能为自己生活了一辈子的这个地方多作贡献。如今，他的儿子长大了，就像是年轻时的自己。老者为此非常的欣慰。

通过这样两个小故事，是不是就将记忆大量单词化难为简了呢？当然，故事情节由你来创造，只有编撰出自己最感兴趣的故事，才能将大量单词记忆得更加牢固。

▶ 脑海里不断"重现"你所记忆过的单词，让你想忘都难

一个单词的记忆完成并不代表着它永远地刻印进了你的大脑，这是因为我们记忆的组成还有"遗忘"。德国心理学家艾宾浩斯曾通过实验证明了这样一个记忆遗忘规律：

我们记忆的遗忘都是"先快后慢"，也就是说，一段刚记住的材料，在最初的几个小时内遗忘的速度是最快的。如果四到七天的时间内我们不去"复习记忆"所记忆过的东西的话，那么，我们的记忆将受到抑制，甚至完全消失。也就是我们平时所说的"白记了"。

正是因为我们大脑具有这样的遗忘规律，所以我们在记忆单词的时候，应该有计划地时常复习我们所学习过的词汇，以免出现"白记"的情况。

为了方便"复习"，我们可以将已经记忆过的单词制成一本专属于自己的单词手册，随时拿出来巩固记忆，且随学随加，随时翻阅。这样一来，我们所记忆过的单词，就会永远地刻印进大脑里了，想忘都难。

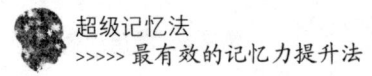

第三节　名字/名称也要用心记
——名字/名称的记忆

记住他人的名字

名字是我们人类为了区分个体，从而给每一个个体一个特定的名称符号，同时，名字还是通过语言文字信息区别人群个体差异的标志。正是因为人人都有名字，所以人类才能正常有序地进行交往。

那么，我们一定要记住身边每一个人的名字吗？

戴尔·卡耐基曾说过："一种既简单又最重要的获取好感的方法，就是牢记别人的姓名。"所以说，记住别人的名字是一种最基本的礼貌，是尊重他人的体现，同时也是一种感情的投资。在我们日常的人际交往中，或许只是因为你有心记住了他人的名字，你的人际交往就会收获意想不到的效果。

举个例子，你在某一天结识了一个新朋友，经过简短的自我介绍之后，两个人算是相识。几天后，你与这个新朋友再次相遇了，你亲切地与他打招呼，却发觉他居然已经叫不出你的名字了。这时的你会是什么感觉？你一定会感觉这个人很不懂礼貌，不重视你，甚至感觉他不尊重你。相反，如果这个人亲切友好地叫出了你的名字，你一定会感觉很开心，感觉他重视你，自然也会对这个人产生好感。

同样的道理，你是否能叫出别人的名字，对方的内心想法与你的想法是一样的。所以说，记住别人的名字，不光是记性好不好的表现，同时还是一种很重要的社交礼仪，是增强你个人魅力的一种最便捷的途径。

不过在我们的日常生活中，很多人并不将"记住他人名字"当作一回事，认为记不记得住名字，并不影响我们日常生活的交际。如果你也这样想，那你就大错特错了。那么，记住别人的名字究竟有多重要？接下来让我们从一个真实的事例中来了解下。

美国有一家著名的电器公司，一次，这家电器公司的董事长请公司的代理商和经销商老总们吃饭。因为大家平时并没有太多面对面接触的机会，所以，在宴席开始之前，董事长特意让秘书按照座位，私下里将每一位来宾的名字都告诉自己，并牢记于心。

宴席开始了，董事长在与代理商和经销商的老总们交谈的时候，随口地叫出了每一位来宾的名字。这让在座的每一位来宾都非常的惊讶与感动，且深深感受到了董事长的真诚。就这样，生意很轻松地谈成了。而这笔生意的成功，正是要归功于董事长记住了每一位来宾的名字。

还有一个事例，我们敬爱的周总理——20世纪最伟大的外交家之一。他就具有"记忆人名"这方面的才能，只要是他所认识的人，或是知道了这个人的名字。那么，无论过多久，当他再次见到这个人的时候，一定会准确无误地叫出这个人的名字。仅这一点，周总理就令中外许多人佩服。

通过以上两件事情，再次充分验证了戴尔·卡耐基的理论，记住他人的名字，是你获取好感的最简单办法。

▶ 牢记别人姓名的几种方法

很多人认为，记住一个人的名字似乎并不是一件困难的事情。但从心理学的角度上来说，记忆名字远比记忆相貌要困难很多。这是因为人们的相貌所包含的信息量往往比较大，且相貌有很多的特征可以供我们区别、辨认、联想。同时，记忆相貌主要靠的是视觉，我们在获取信息的同时，还可以连续不断地对记忆对象进行观察，将所获得的视觉信息进一步地进行不间断的整理、归纳，使这种信息在我们的大脑中不断地强化以加深印象。

但记忆人名就不一样了，我们在记忆的过程中，获取信息主要是靠

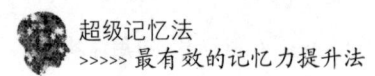
听觉，而这种听觉信息大多是由别人介绍或自我介绍中获得的，且介绍通常只有一遍，一个名字不可以连续重复太多遍。信息重复的次数越少，在大脑中形成的印痕就越浅。如果说相貌是一种十分形象化的记忆材料，那么人名则是一种抽象的文字符号。而这也就是说，人名为什么没有相貌好记忆，为什么我们看到一个人，往往感觉"眼熟"，却怎么也想不起他叫什么名字。

因为名字的"难记"，所以聪明的学者们总结出了几种牢记名字的方法。

1. 形成足够自信的心理定势

在我们结交一个新朋友之前，首先要树立足够的信心，要绝对相信自己可以牢牢记住对方的名字。

这一点主要是针对一些"自认为记性差"的朋友而说。如果人一旦总是抱怨自己记性差，记不住别人的名字，那么，我们在记忆别人名字的时候，潜意识里就不会有记忆的积极性，那么，这样的后果就是，我们真的记不住别人的名字。

所以，我们在记忆别人的名字之前，首先就要树立绝对的信心，沉着放松，并坚定地告诉自己：记住别人的名字，其实很简单。有了这样的自信，牢记别人的名字，就变成了一件十分简单的事情。

2. 学会认真地去观察

在倾听别人介绍或者对方自我介绍的时候，一定要集中注意力去认真地观察对方的面部特征及肢体语言。将对方的名字与其相貌有机地结合起来，比如说王智的脸上长了一个很明显的"痣"，从而加深了我们对这个名字的记忆。

3. 礼貌性地请求重复

我们知道，一般的介绍通常只会将名字讲一遍。这样就会使名字记忆在我们的大脑中形成的印痕很浅，记忆不够深刻，就很容易被遗忘。所以我们在倾听完介绍之后，完全可以礼貌性地请求重复，比如说："不好意思，您可以再次重复下您的名字吗？"

我们知道，重复是记忆的重要手段，我们每重复一遍我们需要学习的东西，记住这样东西的可能性就会增大一点。所以说，礼貌性地请求重复，是你牢记别人名字的另一"法宝"。当然，在要求重复的时候，千万要注意态度，不然会被别人误以为你没有认真地听其讲话，造成不必要的尴尬。

4. 确切搞清楚名字的发音与汉字

当我们听了对方的自我介绍之后，完全可以出于礼貌地重复一遍对方的名字，比如说："您的名字是'某某某'对吗？"这样做的目的是加深下记忆，而且，即使你是因为口音问题而读错了发音，对方也是非常愿意耐心地告诉你正确的发音的。因为你让他感觉到了你对他的重视，使他感觉到你正在努力、认真地记住他的名字。

再有，因为中国汉字的同音字比较多，所以我们在听一个人介绍自己的名字之后，完全可以通过确认每一个读音所对应的每一个汉字分别是什么，从而加深对名字的记忆。

比如对方说自己叫"张宇晨"，你就可以很礼貌地说："'张'是弓长'张'吗？'宇'是宇宙的'宇'吗？'晨'是晨曦的'晨'吗？"不过，确认的过程中要注意自己的言行及用词，比如一个人名叫"陈子"，你问人家："'子'是儿子的'子'吗？"似乎就显得不太礼貌。所以在确认的过程中，一定要注意用词及礼貌的态度。

5. 热情地与其谈论名字的来历

当我们听一个人介绍完自己的名字之后，可以热情地问及其名字的来历。据统计，几乎每个人都知道自己为什么叫这个名字，同时，知道自己名字来历的每一个人也都很喜欢去向别人介绍自己名字的来历。

我们在热情了解对方名字来历的同时，既与对方增加了亲近感，同时又获得了一次重复记忆的机会。

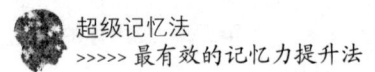
6. 将听觉转换为视觉

通常我们听别人说到某个名字的时候，都是获得了一份听觉信息，如果我们能将这种听觉信息转化成视觉信息，在大脑中通过视觉通道对信息进行进一步的加强，那么，记忆的印痕就会加深，从而加强记忆，达到"记得牢"。

通常情况下，我们将听觉转化为视觉的方法有两种。第一种是将对方的名字写在小本上，或是自己记下，或是请对方签名。不过，这种方法的运用要恰当，不然很容易就造成不好的结果。第二种方法就比较简单，也比较常见，就是"交换名片"。你可以常常带着名片与人交换，从而获得重要的视觉信息，牢牢记住他人的名字。

7. 从多种角度来了解对方，从而增加对名字联想的机会，帮助记忆

在倾听对方介绍的过程中，可以适当地提一些问题，如工作如何、兴趣是什么、家庭等情况，从而多角度地去了解对方，增强对对方名字的了解机会，帮助我们记忆名字。但同时需要注意的是，问的问题要适度，以免造成不好的结果。

8. 将人名与当时的情景建立联系，通过联系帮助记忆

在记忆一个新名字的时候，可以尽可能地将这个名字与当时的情景进行相互联系。比如与这个人第一次见面的时间、场所及所有其他情况。举个例子，你在一个下雪天认识了一个名叫"夏雪"的朋友。那么，你就可以将人名与结识时的天气进行结合、联想，从而帮助记忆。

9. 将名字变得幽默生动

我们知道，如果将记忆看作是一件很死板的事情，那么，记忆就会十分困难。相反，如果将记忆看作是一件十分有趣的事情，那么，记忆相对来说就十分容易。记忆名字也是一样的，虽然只是短短的几个字，但我们依旧可以为这种简短的记忆增加一些趣味性，用谐音代替原来的名字或观察名字的记忆规律。

比如说，某人名叫"严庄婉"，那么，我们便可将其记忆成"盐装

碗"——盐装在碗里;"刘学声",就可记忆成"留学生";"钟国权",记忆成"中国拳"。

当然,出于尊重,在利用谐音记忆法的时候,千万不要很夸张地去嘲笑别人,这样虽然你加深了记忆,但却永远不会与其成为朋友。

10. 将名字与性格、身份、职业等联系起来,进行联想,帮助记忆

我们还可以将一个人的名字与其性格、身份、职业等进行相关的联系,然后进行充分的联想,从而帮助我们记忆。

比如说,有一个销售部的经理,名叫王海男。于是,我们可以这样联想,因为这个人是销售部的经理,所以平时的工作一定很忙,还经常往海南(王海男)出差。

再如,有一个性格开朗的女孩,平时很喜欢笑,名叫陈乐乐。那么我们便可以联想,因为她很喜欢乐(笑),所以名叫乐乐。

这种记忆方法通常记忆得很牢靠,且很形象、生动。

11. 在谈话中对名字进行重复

当介绍完成之后,我们在与对方的简单谈话中,可以尽可能地去提及对方的名字,而这种谈话方式也是将关切、礼貌和重复的原则进行进一步的实施。在这个过程中,你更加牢固地记住了对方的名字,而对方也同时对你产生了好感。

12. 内心对新名字进行重复

在与你的新伙伴谈话的短暂间歇时,你可以留心地看着讲话者或其他听话者,然后在内心暗自重复一遍他们的名字,达到记忆的加深。

13. 为陌生的名字赋予某种意义

一般来说,名字的含义代表着父母长辈对我们的期望与祝福。所以,大部分的名字我们都可以通过字面的含义来进行联想,从而帮助记忆。比如说,一个女孩名叫"秋美",那我们就可以联想出,这个女孩出生在秋天,家人希望她长大可以成为一个美女,即"秋美"。再有,还有一些人名是以出生地或某种含义命名的,例如西宁、京生、苏北、太行、安阳等，这些名字相对来说都是比较容易记忆的。

14. 分手说再见时记得叫出他的名字

在跟你的新朋友道别时，最好带着他的名字讲再见，比如说："某某某，很高兴认识你，我们有机会再聊，再见。"

从心理学的角度上来说，一件事情的开头与结尾两端是最容易记住的，所以在与新朋友讲再见的同时，记得再次提及他的名字，加深记忆，同时也表现出你的礼貌。

15. 适当回忆你所认识的新朋友

当与新结识的人分手后，可以设法在脑海里时常回忆他们的姓名、相貌，而回忆的途径可以通过照片、备忘录等。还可以通过第一次见面的时间、地点、日期、内容、面貌特征等进行回忆。从而不断地巩固你对名字的记忆。

▶ 如何去记忆那些繁琐的外国人名、地名

一些喜欢阅读外国名著或者研究世界历史的朋友们一定常常面临这样的问题，就是繁琐的外国人名、地名往往成为了我们享受名著的一个小障碍。因为这些外国人名、地名在发音和拼写习惯上，与我们所熟悉的中国名称有很大的不同，且一般较长，所以我们在记忆这些名字的时候，往往会出现"记不住"、"记错"或者"记混"的情况。那么，该如何正确、快速、牢固地记住这些外国人名、地名呢？首先，让我们从一个有趣的事例来了解下记忆外国人名、地名的小技巧。

1. 有趣的谐音：美国的"家里待不下"

陈老师是某中学的一名地理老师，凭借着幽默、风趣的教学风格，深受同学们的喜欢。而且，只要是陈老师教授的地理知识，无论是多复杂的地名，同学们都能够牢牢记在脑海中。不过，几年前的陈老师却并不是这个样子，他教学死板，不懂变通。几乎没有同学喜欢听他讲课。那么，是什么原因改变了陈老师的教学风格呢？这还要从一次教学"小

意外"开始说起。

那天，高二（五）班的上午第三节是陈老师的地理课，但当天陈老师因为家中有事，所以耽误了一会儿上课时间。在上课铃声响过好久之后，陈老师才匆匆走进教室。

迈上讲台，陈老师来不及对着同学们喊"上课"，便慌忙地打开课本，开口说道："同学们，今天我们来学习新的地理知识，首先，让我们来了解下美国的'家里待不下'。"

陈老师话音刚落，便引起了全班同学的哄堂大笑。原来，陈老师因为心急，所以不小心将美国的"加利佛尼亚"说成了"家里待不下"。

可说来也奇怪，这件事情原本被陈老师看成是一次"教学小意外"，可"加利佛尼亚"却也因这次"小意外"被同学们熟记于心。陈老师也由此得到了启发，明白在记忆一些复杂枯燥的地理名称时，完全可以运用幽默谐音的方式，这样不仅可以使同学们记得快，而且还记得牢。从那之后，陈老师便一改往日的教学风格，充分运用谐音的记忆方式，帮助同学们记住了一个又一个复杂的地理名称。成为了一名风趣、幽默有着独特教学风格的地理老师。

从这个事例中，我们可以学习到，当面对一些复杂的外国人名或地名的时候，我们完全可以通过谐音的方式，将这些名称变得幽默、好记。

2. 谐音加联想，再复杂的名称都可以变得"风趣"好记

在前面，我们已经学习、总结了多种记忆方法，但单纯地去掌握这些记忆的方法，并不是提高我们记忆力的关键。学会记忆的关键是，要将每种记忆方法透彻地理解，学会灵活运用，这样才能成为当之无愧的"记忆天才"。就拿记忆这些复杂的外国人名、地名来说，可能单纯的谐音法或者联想法并不能达到很好的记忆效果，那么，我们就完全可以将两种记忆方法相结合，找到最简单、有效的记忆途径。

下面，就让我们灵活地运用谐音法与联想法，来记忆一些复杂的外国人名、地名。

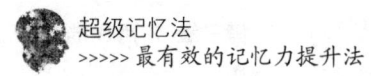

（1）罗伯斯庇尔

我们在学习世界近代史的时候，学习了法国大革命，学习到雅各宾派的领导人名叫"罗伯斯庇尔"。这个人名该如何记忆呢？我们可以充分地利用谐音，将罗伯斯庇尔记忆成"萝卜丝蔽耳"，然后脑海中发挥联想画面，一个人的头发就像萝卜丝一样，而且很长，将耳朵都遮蔽了。按照这样的记忆思路，你是不是想将这个名字忘记都难呢？

（2）普加乔夫

再如，学习世界历史的时候，学习到俄国的普加乔夫起义，同时，我们在普希金的作品《上尉的女儿》中，也看到了"普加乔夫"这个名字。那么，这个名字应该如何记忆呢？"普加乔夫"，记忆成"普家樵夫"——普通人家的一个樵夫。然后发挥想象，一个穿着朴实的樵夫，或许拿着斧头，或许背着干柴。那么，将人名经过这样的加工，记忆起来是不是就容易了很多呢？

（3）泰利斯

古希腊哲学家，古希腊米利都学派的创始人泰利斯，虽然只有简单的三个字，可是当我们在记忆这个名字的时候，却依旧容易弄错、弄混，那么，这个人名应该如何记忆呢？"泰利斯"记成"太厉死"——太厉害了，最后死掉了。

这里需要注意一下，很多朋友在运用谐音记忆法或是联想记忆法的时候，总是不好意思将联想或者谐音的东西想得太过夸张。其实，我们运用一些夸张的谐音，只是为了可以加强我们的记忆力。而且，在前面我们已经学习过，越是夸张的内容，越是能刺激我们的海马体，增强我们的记忆力。所以我们在运用谐音记忆的时候，不必太过注重原则或是语义上是否有偏激，要知道，让自己记住才是重点。所以在虚拟谐音或是联想画面时，你可以尽情地夸张，毫无原则。

（4）埃斯库罗斯

埃斯库罗斯是古希腊的悲剧诗人，被人称之为"悲剧之父"。那么，这个名字我们该如何记忆呢？ "埃斯库罗斯"，谐音成"爱是哭螺丝"——爱是一颗哭泣的螺丝。然后想象画面，一颗头上顶着爱心的螺丝，正在伤心地哭泣。其中，我们特意将"库"谐音成了"哭"，目的是为了迎合"悲剧之父"这个头衔，加强记忆。

（5）达累斯萨拉姆

达累斯萨拉姆是坦桑尼亚首都，这个名字非常的复杂难记，虽然音译过来只是六个汉字，可这六个汉字非常的拗口，且字与字之间没有任何的联系。那么，我们该如何记忆这个地名呢？这就需要我们运用谐音再加些联想。"达累斯萨拉姆"，谐音成"打雷死仨辣母"——打雷的时候死了三个毒辣的母亲。经过这样的谐音加联想，这个复杂拗口的地名是不是就被我们轻松地记住了呢？

（6）布宜诺斯艾利斯

布宜诺斯艾利斯是阿根廷的首都，在记忆这个名字的时候，可以首先这样谐音，"布宜诺斯艾利斯"谐音成"布衣诺死爱莉丝"——穿着布衣的"诺"，死命地爱着一个名叫"莉丝"的女孩。谐音加联想，保证记得牢。

通过以上几个人名、地名的练习，你是不是对记忆外国的人名、地名不再感到惧怕了呢？其实，记忆的方式有很多种，只要你能找到最适合自己的记忆方法，无论是多复杂的东西，你都一定可以牢牢地记在你的大脑中。所以说，没有最快、最准、最牢的记忆法，只有最适合你的记忆法。

针对一些外国拗口的地理名称，我们除了可以运用谐音、联想等一些小技巧来帮助我们记忆外，我们还可以把需要记忆的地理事物按照一定的特点进行分类、编组，或是参照地图，帮助记忆，加深印象。

比如说，我们在记忆东南亚的国家分布时，如果完全按照谐音或者联想的方式来记忆，其实也并不是很方便。那么，我们就可以结合地图，按照中南半岛与马来群岛对所需要记忆的事物进行分类，或者按照内陆

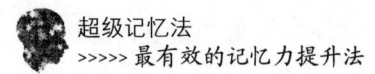
国、临海国、岛国等进行分组记忆。

这样分类可以使地理事物的出现依附于其特性之上，而且在记忆的过程中，结合了一定的旧知识，使所需要记忆的事物并不是孤立地出现，有助于形成我们的知识网络，加深我们的记忆。

再或者，我们在记忆的时候，还可以通过一些对比的方式来拓展我们的记忆。比如说，当我们记忆世界上面积最大的平原亚马孙平原时，就可以顺便想到最低的平原西西伯利亚平原。从而对记忆加深印象。

同时，针对地理名称的记忆，参照地图帮助记忆也是一种非常不错的选择。因为每个地域的图形轮廓都是独一无二的，或是似靴子，或是像天鹅。所以，我们在记忆地名的过程中，完全可以参照地图，来加深我们的记忆。

第四节　克服记忆公式的难题——公式的记忆

记忆公式的前提是"理解"

关于公式的记忆，似乎前面所介绍的"谐音记忆法"或"联想记忆法"就显得稍微有些力不从心了。因为公式的记忆并不像数字、单词等那样死板，它有它的"由来"，每个公式都拥有着自己独一无二的"生命"。所以说，我们在记忆公式的过程中，首要的一个大前提并不是你要找到记忆的窍门，或是记忆的简单方法，而是充分地去理解这个公式，明白它的由来，清楚它的推导过程。如果你能够将公式完全地理解了，那么，记忆它就并不算是什么难题了。

1. 记忆公式的目的是"应用"

我们知道，我们的记忆是有极限的，也就是说，无论我们掌握多少记忆窍门，学会了多少种记忆方法，我们的大脑始终也是没有办法和电脑相比较的，永远不可能做到"看到什么就记什么"。所以说，我们在大脑中形成的每一个记忆，都是具有"目的性"的。

就拿记忆公式来说，我们记忆公式的目的很简单，就是为了应用。因为我们在解决问题或者研究数据的时候需要应用到某些公式，所以我们将这些公式记忆到脑海中，等到需要应用的时候，再从脑海中提取出来。而这，便是我们记忆公式的根本目的，也正是因为这样的目的，我们才应该在完成记忆之前，将这些公式充分地理解，明白它的推导原理。如果你只是按照一些记忆的窍门记住了公式，而并不知道这个公式该如何应用，那么，这对我们记忆公式是毫无用处的。

所以说，记忆公式的目的是"应用"，而学会应用，完成记忆的大前提就是"理解"，只有充分地理解公式，才能更好地帮助记忆公式、应用公式。

2. 了解公式用途，找到记忆重点

在记忆公式的时候，要弄清楚每个公式的用途是什么，从而找到记忆的重点。如一些数学、物理、化学等理科公式，我们在记忆这类公式的时候，要清楚每个公式所对应的"解题类型"（即用途）是什么，弄懂求结果的时候需要找到哪些已知量，而这些已知量就是我们所说的"记忆重点"。

找到了记忆重点之后，我们还需要清楚，这些"已知量"是如何相互"配合"、"转化"形成"未知量"的，然后在脑海中形成一个抽象的公式形成过程，充分理解，帮助记忆。

举个例子来说，很简单的一个公式，正方形的周长公式：$C=4a$，其中 C 代表周长，a 代表边长。

我们在记忆这个公式的时候，首先要清楚这样一个概念，什么叫作周长？周长就是绕有限面积的区域边缘的长度积分。针对正方形而言，它的周长就是 4 条边长的总和。所以说，这个公式的用途就是求正方形的 4 条边长的总和，而记忆的重点就是"边长"。

清楚了这些之后，我们甚至都不需要记忆，就可以将这个公式深深地印进脑袋里。

所以说，了解公式用途，找到记忆重点，是我们快速、准确、牢固记忆公式的另一"准备工作"。

3. 真正理解了，才能记得牢

针对公式的记忆而言，它是 90% 的理解外加 10% 的背诵。所以说，我们在记忆公式的时候，往往花在理解公式上的时间要远比花在背诵公式上的时间多很多。如果你在记忆公式的时候，是没有理解基础的死记硬背，或是找到某些技巧的快速记忆。那么，这样做的结果只会有三种。一是花大量时间记忆，而忘记的时间却是瞬时；二是记得快，忘得更快；三是虽然你记得牢固，但却根本不会应用，实际上就相当于没有记。

所以说，要想真正意义上地记住公式，记准、记牢公式，你首要的准备工作就应该是"理解公式"。

4. 记忆公式是要"明白过程"，并不是要你记住结果

很多人记不住公式并不是因为他记忆的方法不得当，而是他根本就没有明白记忆公式的意义是什么。

比如说记忆一些化学公式，很多人只知道努力记住某个实验所总结的公式是什么，却偏偏不去理解公式的形成过程是什么。所以往往花费大量的时间去记忆公式，最终却还是逃不过"记错"、"记混"、"记不牢"的结果。

反之，如果你能充分地理解这个实验的过程，明白公式是如何形成的，那么，再复杂的公式对于你来说，记忆起来都是简单不过的。

5. 掌握知识规律，记忆事半功倍

在彻底理解的基础上，如果我们还能够总结、掌握知识的形成规律的话，则可以让我们的记忆事半功倍。

还是举正方形的周长公式这个例子，正方形的周长公式是：$C=4a$，是 4 条边长的和。从而我们推导出，长方形的边长公式也是 4 条边长的

和，那么，总结公式就应该是 C＝2（a＋b），其中 a 代表短边，b 代表长边。

这个事例就说明了，如果我们能够总结、掌握知识的形成规律的话，那么我们在记忆公式的时候，一定会达到事半功倍的效果。且不光记得快，还记得准、记得牢。

▶ 养成"会背公式"的好习惯

公式是学好理科的基础与关键，如数学、物理等。

虽然说，准确地记忆公式并不能代表我们可以将理科学好，但是，如果我们连最基本的公式都不会背，不会写，那么就一定学不好理科。所以说，记忆公式是学好理科的基础与关键。

那么，该如何记忆公式呢？我们除了要对公式完全理解、掌握记忆的方法，还需要做的就是养成一个"会背公式"的好习惯。下面，就让我们来了解下，该如何养成一个"会背公式"的好习惯。

1. 选择有效的记忆时间——清楚什么时间段才最有助于你的记忆

我们在记忆的时候，通常时间也对我们的记忆力有着很大的影响。比如说，如果我们选择在很困或很累的时候去记忆公式的话，其效果一定非常的不理想。而相反，如果我们在一个学习效率高的时间段去记忆公式的话，一定记得又快、又准、又牢。所以说，记忆的时间很重要，清楚什么样的时间段最有助于自己的记忆，也是记忆的关键。

2. 积极的记忆状态——记忆公式之前，心里暗示自己：一定可以背下来

记忆时的情绪与状态对于我们的记忆效果也是有很大影响的。如果你在记忆公式之前有着不想背或其他一些畏难情绪时，就一定要先调节好自己的情绪之后再背，不然只会事倍功半，且记忆的效果也不理想。还有一些人，将记忆公式当作是一件不可能完成的任务，在记忆的时候也不管自己背完之后是否能熟练地掌握、运用这些公式，总之将这些复

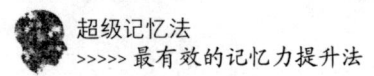
杂的字母与符号统统记到脑子里就算完成任务。如果以这种状态去记忆公式的话，结果只能是事倍功半。

3. 试着动笔——尽量将所背的公式写一遍

在记忆公式的时候，最好能将你所记忆的公式写一遍，因为我们在"写"的过程中，大脑是处于一种"输出"状态，只要是"输出"，就意味着我们需要动脑。所以，"写一遍"是有助于我们记忆的。而这也就是我常所说的："好记性不如烂笔头。"

4. 不要死记硬背——记忆的过程也是理解的过程

在记忆公式的时候千万不要死记硬背，要去思考公式的内涵外延。我们对公式理解得越是透彻，越是有助于我们记忆公式。完全理解了公式的推导过程之后，再配合联想、对比等记忆方法，可以加快我们的记忆速度、加深我们的记忆印象，提高我们的记忆准确性。

5. 背完之后试着默写——加深记忆，检查自己是否真的记住

如果你认为你将所有的公式都记忆完成了，那么，就拿出笔和纸，去尝试着默写。默写公式的过程是一个检查记忆的过程，同时也是一个巩固记忆的过程。默写一遍，则加深了一遍印象。如果在默写的过程中发现自己还有记忆的遗漏，便可以马上再去记忆。所以说，默写对于公式的记忆来说，是非常有必要的。

6. 学会应用——将所记忆的公式熟练运用到题目中

我们知道，我们记忆公式的目的就是为了可以熟练地应用，所以，当我们在记忆完公式之后，最好找出一些相关的题目来试着应用下。这样不光可以加深我们对公式的印象，同时还有助于我们对公式的进一步理解。切记，如果单纯地对公式完成了记忆而未学会应用，那么，就相当于没有记住公式。所以当你记忆完公式之后，接下来需要做的就是，找到一些对应的题目，然后将公式熟练地运用到题目中去。

7. 复习——加深记忆的"法宝"

无论是记忆公式还是记忆其他的一些事物，"复习"绝对是必不可少

的。尤其是刚背完的公式，复习的频率要尽可能的大一些，然后再一点点延长复习的间隔时间。比如说，我们第 1 天记住了一个公式，第 2 天的时候可以复习一下，紧接着第 4 天、第 7 天、第 20 天……进行复习。有助于公式的记忆。

8. 养成记忆习惯——一旦遇见不会或有些生疏的公式，就要花时间去记忆

我们的大脑不是电脑，出现遗忘或者记错的情况很正常。所以，如果我们在平时看见一些"没见过"，或者"有些生疏"的公式，就一定要花时间去记忆，久而久之，就养成了"记忆习惯"。而且，这样的方法记公式针对性强，印象深。

▶ 公式应该怎么记

公式是学好理科的基础，想要学好理科，就要做好记忆大量公式的准备。而随着知识的不断深入，我们所学习到的公式也逐渐变得复杂多样。那么，这时在大量的数学公式面前，我们就要讲求一些记忆的小技巧，从而帮助我们快速、准确、牢固地记住这些公式。不过需要注意的是，我们在运用这些记忆小技巧的时候，前提一定是你已经将这些公式完全地理解透彻了。不然单纯的记忆而不理解，记得再牢、再准，对于解决理科问题来说，也是没有任何意义的。

下面，就让我们来了解一些记忆公式的方法。

1. 将公式编成顺口溜或歌诀：口诀记忆法

这种记忆的方法就是将公式编成顺口溜，念起来顺口，又便于记忆。

举个例子，完全平方公式：$(a\pm b)^2=a^2\pm 2ab+b^2$。那么，这个公式我们便可以编成这样一个简单的口诀来帮助我们记忆。完全平方有三项，首尾符号是同乡，首平方、尾平方，首尾二倍放中央；首±尾括号带平方，尾项符号随中央。

再如，平方差公式：$(a+b)(a-b)=a^2-b^2$。这个也可以编成一个简单的口诀来帮助我们记忆：平方差公式有两项，符号相反切记牢，首加尾乘首减尾，莫与完全公式相混淆。

就这样，我们在熟悉口诀的过程中，也将公式牢牢地记忆在了我们的脑海中。

2. 将公式适当分组来帮助记忆：分类记忆法

因为理科的公式比较多，所以大量的记忆偶尔会让我们的大脑"吃不消"，那么，这时候将大量需要记忆的公式按照某种方式进行分类，从而进行分类记忆，记忆公式的效果就会好很多。

举个例子，我们知道，数学的求导公式共有 18 个，我们在整体记忆的时候，往往不容易记住，而且还很容易记混。那么，这时我们就完全可以利用分类的方式来帮助我们记忆。第一类：2 个常数与幂函数的导数；第二类：四个指数与对数函数的导数；第三类：6 个三角函数的导数；第四类：6 个反三角函数的导数。

再有，求导法则共有 7 个，我们也可以利用分类的方式来帮助记忆。第一类：4 个和、差、积、商复合函数的导数；第二类：3 个反函数、隐函数、幂指数函数的导数。

利用分类记忆法可以有效地帮助我们整理、记忆理科知识。同时，我们在为这些公式分类的时候，其实也是一个复习的过程，是对记忆加深的一个过程。所以说，当我们遇见大量的公式需要记忆时，我们完全可以先将其分类，然后再记忆。

3. 多看、多听、多读、多写才能记得准，记得牢："四多"记忆法

要想使记忆更加地牢固，多看、多听、多读、多写是加深记忆最好的方法。记忆公式也是一样的，只有多看、多听、多读、多写，才能使一个又一个繁琐的公式深深地印在你的头脑里经久不忘。我们称这种记忆方法为"'四多'记忆法"。如果在记忆的过程中，可以做到边读边默写，那么，记忆的效果会更好。

针对公式的记忆方法，某中学曾做过这样一次简单的实验。参与实验的班级将班级同学们分成两组，然后给两组同学相同的 10 个公式去让他们记忆。不过记忆的方式有些差别。第一组的同学只是对公式单纯地抄写 4 遍，而第二组的同学是先将公式抄写 2 次后再默写 2 次，且在默写的过程中是不允许看书的。

结果，第二组同学的记忆效果要远好过第一组同学的记忆效果。这也就充分证明了，默写对于记忆公式的重要性。同时，看 1 遍公式与看 2 遍公式的记忆效果肯定不同；听 1 次公式的记忆效果与听 2 次公式的记忆效果也是会差很多。所以说，在记忆公式的时候，要多看、多听、多读、多写才能记得准、记得牢。

4. 记忆要从静开始：静心记忆法

记忆的时候需要静心，因为我们只有静下心来才能集中注意力去记忆，也只有将心静下来，才能帮助我们形成记忆的优势兴奋中心。

记忆公式也是一样的，无论是你擅长利用联想记忆法来帮助自己记忆，还是喜欢利用谐音记忆法来使自己记得更快，只有在静心的时候，我们才能更好地完成记忆。尤其是在记忆公式的时候，我们更需要去静心，这样才能将公式记忆得更加准确、牢固，所以说，记忆要从静开始。

5. 四种不错的记忆方式：首次记忆法

针对公式的记忆，我们还可以运用以下四种方式来帮助我们记忆。

第一种，背诵记忆法

背诵记忆法就是将运算过程和结果在理解的基础上背诵记熟。这种记忆法其实就是不断加深记忆印象的一个过程，背得多了、熟了，公式自然就牢牢地印进脑袋里了。比如说，我们在记忆数学的加法与乘法法则，两数和、差的平方、立方的展开式，等，所运用的都是背诵记忆法。不过，运用这种记忆方法的前提是，一定要充分地理解公式的意义及推导过程，不然背得再熟练也没有任何实质上的意义。

第二种，模型记忆法

因为很多理科知识都是有着它自己具体的模型，比如数学、物理等。

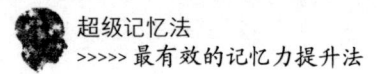

所以我们在记忆的时候，就可以利用这些模型来帮助我们记忆。什么叫模型？模型记忆法适合记忆哪种类型的公式呢？举个例子来说，一些理科公式可以有规律地列在图表内，那么这个时候，我们在记忆这种公式的时候，就完全可以借助图表来帮助我们记忆。记得快且记得牢。

第三种，差别记忆法

理科知识之间，往往存在着很多的共性及少数的差异，所以我们在记忆理科知识的时候，完全可以利用"差别记忆法"。这种记忆方法就是在大量的理科公式面前，首先记住一个基本的公式，然后再记住其他公式与这个基本公式之间的差异特征，从而将所有公式全部记住。这样记忆不仅节省了大量的记忆时间，同时在寻找"差异"的时候，还帮助我们进一步地理解了公式，使我们的记忆更加牢固。

第四种，推理记忆法

推理记忆法非常地适合于公式的记忆，因为众多的公式中，许多公式之间的逻辑关系比较明显，所以我们在记忆的过程中，就完全可以依靠这种逻辑关系来帮助我们记忆。就是首先记住一个公式，然后其他公式利用推埋得出，这种记忆方法被称之为"推理记忆法"。

举个例子，数学中，正方形的面积公式：$S=a^2$；而正方体的体积则是底面正方形的面积再乘以一个棱长，所以在记忆正方体体积公式的时候，我们只需要记住正方形的面积公式，就可以推导出正方体的体积公式为：$V=a^3$。而这，就是推理记忆法的便捷之处。不过，在运用这种记忆方法来记忆公式的时候，一定要充分地理解每个公式的含义及推导过程，不然，是没有办法利用推理来帮助我们记忆公式的。

以上这四种记忆的方式便被称之为"首次记忆法"，可以专门用来记忆理科公式及理科的一些其他知识，方便又有效。

6. 抓住各种机会去重复记忆：重复记忆法

重复记忆法可以说是最有效的记忆方法，无论我们记忆什么类型的事物，经过不断地重复，不断地加深印象，就一定会将所需要记忆的事物牢记于心的。针对公式的记忆，重复记忆法可以被分为三种方式。

第一种，利用做标记的方式来帮助我们重复记忆

当我们在记忆大量公式的时候，可以首先将公式全部看一遍，然后用笔将比较重要、比较不容易记忆的公式标示出来，这样，等我们进行二次重复记忆的时候，就可以着重地来看这些已经标示过的公式。帮助我们加深印象，有助记忆。

第二种，不断地进行回想，在脑海里不断地重复记忆

当我们记完一些公式的时候，可以在脑海里不断地回想所记忆过的公式，在脑海中不断地进行重复记忆，通过大脑回想达到重复记忆的目的。而且，如果一旦有"想不起"或"不确定"的情况时，就马上翻开书本再次温习。有助记忆。

第三种，重复使用公式，巩固记忆

我们知道，我们记忆理科公式的目的就是为了解决问题。所以，当我们记忆完某个公式的时候，就要找出一些相对应的题目进行不断地练习，加深对公式的印象及使用范围，巩固记忆。

以上三种记忆方式是专门针对公式的重复记忆法，通过不断地重复回忆或练习达到对公式熟练记忆的目的。同时，要想达到对公式熟练记忆的目的，不断地重复记忆是必不可少的过程。

7. 理解才能记得住：理解记忆法

前面我们已经介绍过，记忆公式的前提就是要"理解"。所以，在记忆公式的众多方法中，有一种叫作"理解记忆"的记忆方法，十分受到重视。

我们知道，理科是建立在逻辑基础上的一门学科，无论是它概念的形成，还是法则的建立，又或者是定理的论证、公式的推导，每一步都是在一定的逻辑体系之中。所以，当我们在记忆理科公式或者定理、法则的时候，首先一定要弄懂它的来龙去脉，清楚它的证明过程，以方便我们牢记它们。而这种记忆方法，就被称之为"理解记忆法"。

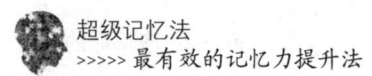

运用理解记忆法的关键就在于对所学知识的理解与细心，从而找到记忆的突破口，完成记忆。

8. 将知识穿成串：系统记忆法

所谓系统记忆法，就是将公式按照一定的系统性进行恰当的比较、分类、条理化，顺理成章，编织成网，然后再进行记忆。这样一来，我们在记忆的时候，就不再是单纯地记忆某个公式，而是一整串的知识。使记忆更加的系统化。

9. 繁杂知识简单化：简化记忆法

通常比较复杂的东西不好记忆，公式也是一样。所以，我们便可以将繁杂化为简单，利用简化记忆法来帮助我们记忆数学公式。简化的方式分为以下几种。

第一种，利用口诀来帮助简化

就是将一些公式编成口诀来帮助我们记忆，前面我们已经介绍过，就不再过多介绍。

第二种，利用图表来帮助简化

图表简化就是当我们在记忆一些复杂公式的时候，可以利用表格来帮助我们进行记忆简化，化难为易。比如说，用列表法解乘积或分式不等式，计算多项式的乘法，求整系数方程的有理根，等。

第三种，将记忆目标进行简化

简化目标这种记忆方法就是筛选出记忆目标中具有代表性的部分，用以取代记忆目标的整体。举个例子，我们知道，数学知识中，三角函数的积化和差与和差化积公式各有 4 个，当我们记忆这些公式的时候，就完全没有必要将整体全都记住，我们可以利用两角和与差的正余弦公式，利用一组中的 4 个导出另外一组的 4 个。所以，我们在记忆的时候，只需要着重记忆积化和差公式就可以了。而这，就是简化记忆的便捷之处。

第四种，帮公式取名字，从而达到记忆简化的目的

这种记忆方法就是为所需要记忆的目标取一个比较形象的名字，从而达到简化记忆的目的。比如说，数学课本中找到这样一个不等式：$|a|-|b|\leq|a\pm b|\leq|a|+|b|$，我们在记忆这个不等式的时候应该如何记忆呢？我们可以根据这个公式的特征，假设一个三角形的三边边长分别为：$|a|$、$|b|$、$|a\pm b|$，然后再根据三角形的三边关系：两边之和大于第三边，两边之差小于第三边，完全满足这个不等式。从而，我们为这个不等式取名为"三角形不等式"。就这样，通过这样形象的简化，我们便可以快速、准确、牢固地记住这个不等式了。

第五种，学会转换简化

这种方法就是将一些复杂难记的公式转换为比较简单或者早就熟记于心的公式。至于怎样转化，要根据个人情况而定。经过这样的简化转换之后，我们往往在回忆的时候，脑海里会回想出我们转化的过程，从而回忆起复杂的公式，提高记忆效果。

简化记忆法是化繁杂为简单，有效地提高了我们的记忆能力。

10. 大量公式一起记：联合记忆法

联合记忆法就是将两个或者两个以上的目标联合在一起进行综合记忆，这种记忆方法往往比孤立地记忆某一个公式要容易得多。这是因为，我们在运用这种记忆方法的时候，会不自觉地进行相关意义的联想，经过相互印证、相互补充，必然能收到事半功倍的记忆效果。下面，就让我们从几个方面来了解下这种联合记忆法。

第一种，近似联合

近似联合就是在看完大量公式之后，将一些音、义、式、形等方面具有一定相似之处的公式联合在一起进行记忆。

第二种，反正联合

反正联合就是把具有某种相反意义的两个公式联合在一起记忆。如将三角形的求面积公式与求高公式相结合来帮助记忆。

第三种，逆进联合

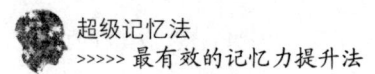
逆进联合就是将一些具有因果关系的公式或者从属关系的概念连同它们的先后顺序联合在一起进行记忆。这样记忆不仅可以由前者推出后者，而且也可由后者感知前者，方便记忆。比如将数学中两角和的正余弦公式、二倍角公式、半角公式等联合在一起共同记忆等。

联合记忆法适用于大量的公式记忆，而且，在对公式联合的过程中也是一次记忆加深的过程。所以，当我们在面对大量需要记忆的数学公式面前不知所措时，完全可以利用联合记忆法来帮助我们记忆公式。

第五节　历史知识轻松记——历史的记忆

▶ 怎样将历史知识的记忆化繁为简

要想知道如何将历史知识的记忆化繁为简，首先让我们来了解什么是历史。

什么是历史？广义上来说，历史是客观世界运动发展的过程，包括自然史和社会史两方面；狭义上来讲，历史是人类社会发生、发展的过程。所以说，学习历史知识是我们人类发展、社会进步的一个必须。然而，随着时代的不断发展，人类所需要学习的历史知识也越来越多。那么，面对如此繁杂的历史知识，我们在记忆的过程中，应该如何化繁为简，轻松记忆呢？我们可以在记忆的时候，运用这样几种方法。

1. 巧妙作总结，史实变公式

历史知识往往比较复杂，我们在记忆的时候经常感觉找不到合适的记忆规律。那么，这时我们就可以将历史知识的记忆转换成如同解决数学问题一样的公式，对所需要记忆的历史知识总结归纳出一些比较基本的公式。使记忆内容系统化，方便记忆。那么，公式要如何总结呢？举几个例子：

历史事件＝时间＋地点＋人物＋简单过程＋结果＋意义；

经过＝准备＋发生＋结果；

意义＝作用＋特点＋影响；

人物＝姓名＋时代＋事迹（包括思想、活动或著作）＋影响；

作品＝作者＋成书年代＋内容＋意义（或影响）。

将历史知识经过这样的"公式总结"之后，可将复杂的内容进行简化、概括，在脑海中形成网络记忆。也就是说，我们在记忆的时候，只需要抓住几个要点作为支点，然后再对内容进行简单扩充就可以了，这样能比较快地熟记基本内容。

掌握了这种记忆方法之后，我们在巧记重大历史事件、历史人物和古今中外名著方面，必定可以获得事半功倍的效果。

2. 边比较，边记忆，不知不觉轻松记

记忆历史知识的时候，如果能够通过巧妙的比较来帮助记忆的话，那么，我们在记忆历史知识的时候就会感觉轻松很多。而这种记忆方法就是"比较记忆法"。

为什么"比较记忆法"可以将历史知识"化繁为简"从而帮助我们记忆呢？这是因为，我们人类的历史是遵循着一定的规律向前发展的，而在这个发展过程中，各种各样的历史事件或者现象之间是有着一定联系的。同时，它们又受到时间和空间的制约，使每个历史事件或现象都具有各自的特点。而比较记忆法就是将两个或者两个以上的历史事件或人物进行归类比较，找出它们之间的共同点或不同点。这样记忆，既可以加快记忆，又可以防止我们在提取记忆信息的时候张冠李戴。

那么，比较记忆的具体做法是怎样的呢？我们将它分为以下几种：

第一种，我们可以把性质相同而特点不同的历史现象进行比较。比如说，将秦朝和隋朝进行比较、汉朝和唐朝进行比较等；

第二种，将某些表现相似而性质不同的历史现象进行比较，这样做可以帮助我们分清不同的性质，形成不同的概念。

第三种，将一些性质相同但发生在不同时期的历史事件加以综合比较，从而区分异同，帮助记忆。比如说，我们在记忆中国近代所签订的一些不平等条约时，完全可以将所需要记忆的条约进行比较，从条约的内容到对中国的影响做一个细致的比较，然后再进行记忆。这样不仅记得快，而且还能记得牢，但是在记忆的时候需要注意准确性，千万不要将几个条约弄混淆。

第四种，将中国历史和外国历史进行对比，找到共同点和不同点，然后帮助记忆。比如说，世界上最先进入奴隶社会的四个国家之比较，中国与西欧进入封建社会之比较，中国古代经济、科技发展与西方之比较等。

比较记忆法可以帮助我们将历史知识"化繁为简"，轻松记忆。所以，当我们需要记忆一些具有"比较性"的历史知识时，完全可以采用"比较记忆法"。

3. 充分利用图示法，记忆变得系统化

将历史知识"化繁为简"的第三个方法就是列表图示法。这种记忆方法是根据历史事件的特点，然后用表格或者图示的形式对其进行归类、总结，使同类知识可以前后相互连贯起来，形成一个记忆的系统，纷繁内容脉络分明、条理清晰，将繁杂知识简单化，方便记忆。

这种记忆方法非常适合于记忆复杂史料。比如说，古代政治改革变法、重大战役、科技化成就等；近代史上外国侵略者五次侵华战争，中国现代史上党的两次重要会议；世界史上的三大宗教，资产阶级革命，两次世界大战等。这些历史知识的记忆，都可以利用列表图示法。它可以使所需要记忆的内容一目了然，抓住特点，使记忆印象深刻。

4. 横向、纵向联想法，知识大量记

学习历史知识的时候，为了可以使知识大量装进我们的大脑，我们在记忆的时候，可以采取横向联想法和纵向联想法来帮助我们记忆。

所谓横向联想法就是将中外发生在同一时期的不同历史事件或者发

生在不同时期的同类历史事件联系到一起进行记忆。比如说，我们在记忆中国的甲骨文字时，就可以与埃及的象形文字、两河流域的楔形文字和欧洲的拉丁文字相联系起来，然后进行记忆。从而达到"记忆一个，想起多个"的效果。

纵向联想法就是在记忆的时候，首先抓住某一知识要点，然后围绕着这个知识要点，将其前后连贯起来。也就是说，以某一史实为基点，既可涉及它前面发生的历史事件，又可联系到后面发生的事件，从点扩展到线，便可记住有关这一历史知识的前后内容。举个例子来说，当我们要记忆《马关条约》内容的时候，我们就可以联想到公元230年孙权派卫温去夷洲（即中国台湾），从而又想到隋炀帝三次派人去中国台湾，元设澎湖巡检司，郑成功收复中国台湾，清设中国台湾府等一系列关于中国台湾的历史事件。然后再对这些历史事件进行总结，将与中国台湾有关的历史知识进行一次串联。这样，我们就清晰了我们的记忆思路，从而轻松记忆了大量的历史知识，达到了将历史知识"化繁为简"的目的。

其实横向、纵向联想法就是帮助我们将知识有效地进行串联，清晰了我们的记忆思路，从而使繁杂的历史知识简单化，有助于我们的记忆。

5. 学会串联关键字，历史知识轻松记

我们在记忆历史知识的时候，经常需要面对大量的文字，同时，又因为历史事件或人物的发生、出现时间都有着一定的顺序和时间，所以针对历史知识的这样一个特点，我们在记忆的时候，可以采用"串字法"来帮助我们记忆。

什么是"串字法"？顾名思义，就是将有并列关系的事件或者人物按照一定的发生或出现顺序串联起来，而在记忆的时候，只需记住每个内容的第一个字就可以了。举个例子来说，在第二次世界大战的后期，开了四次比较重要的国际会议，分别是：开罗会议、德黑兰会议、雅尔塔会议、波茨坦会议。那么，我们在记忆这四次会议的时候，就可以按照前后顺序将内容简化为"开、德、雅、波"，从而让我们较快速地记住了这些历史知识。再比如，清朝最后的九个皇帝依次为康熙、雍正、乾隆、嘉庆、道光、咸丰、同治、光绪、宣统。那么，我们在记忆这九个皇帝的时候，就可以记忆成"康、雍、乾、嘉、道、咸、同、光、宣"。如果想要加深记忆，还可以适当利用"韵律"来帮忙，每三个字一分组，读起来顺口、好记："康雍乾，嘉道咸，同光宣"。

同时，在"串字法"的基础上，我们还可以运用"找关键字词"的方式来帮助我们记忆，即抓住所需要记忆的历史知识的关键字词，归纳总结出要点从而提高记忆效果。

比如说，我们记忆中国半殖民地的形成过程：鸦片战争使中国开始沦为半殖民地，第二次鸦片战争使中国半殖民地化进一步加深，甲午中日战争及《马关条约》的签订大大加深了中国半殖民地化，八国联军侵华及《辛丑条约》的签订使中国完全陷入半殖民地的深渊。在记忆这一段的时候，就完全可以运用这种"找关键字词"的方式来帮助我们记忆。

首先，我们找到形成过程的关键词：开始、进一步、大大加深、完全陷入。

找到了这样几个关键词之后，我们再联系几次列强侵华战争的影响，便很快就可以将中国半殖民地的形成过程牢记于心了。

不过需要注意的是，串联关键字词这种记忆方法虽然可以将大量的历史知识文字进行"压缩"，但是我们在运用这种记忆窍门来帮助我们记忆的时候，前提是一定要熟练地掌握历史知识，不然只是单纯地"压缩"了文字内容去记忆，是一点意义都没有的。所以说，熟练掌握历史知识，记忆时恰当地运用"串字法"来帮助记忆，定会达到事半功倍的记忆效果。

6. 找出"精华所在"，大量知识浓缩记

当记忆历史知识的时候，如果一板一眼地去记忆，那么记忆的效果一定非常不好。所以，我们在记忆的时候，完全可以将大量的历史知识

进行浓缩。也就是说，在记忆的时候，抓住知识的主要内容去记忆，抓住关键字词，将复杂、繁多的历史材料加以凝炼、压缩而后进行记忆，从而减少记忆负担，提高记忆效率。

不过，我们在"浓缩"知识的时候，并不是说随便地减少字数去记忆。而是要找到最精华的部分去记忆。举例来说，将整个中国近代史"装"进自己的脑袋，听起来似乎非常的困难。那么，这个时候我们就完全可以将大量知识浓缩，巧妙地构建知识框架，从而帮助记忆。

中国近代史，都有哪些"精华内容"呢？整理后得知，中国近代史共包括：一种性质、两对矛盾、三条线索、四大阶级、五股思潮、六国列强、七款条约、八个人物、九次运动、十场战争。

建立了这样的知识框架之后，我们再按照这样的框架进行有规律地记忆就轻松了很多。

一种性质是指半殖民地半封建社会；两对矛盾分别是帝国主义和中华民族的矛盾、封建主义和人民大众的矛盾；三条线索分别是屈辱史、抗争史、探索史；四大阶级分别是农民阶级、地主阶级、资产阶级、无产阶级；五股思潮分别是封建主义、平均主义、君主立宪、民主共和、社会主义；六国列强分别是英国、法国、美国、俄国、日本、德国；七款条约分别是《南京条约》、《天津条约》、《北京条约》、《中法新约》、《马关条约》、《辛丑条约》、《二十一条》；八个人物分别是林则徐、洪秀全、李鸿章、康有为、孙中山、袁世凯、毛泽东、蒋介石；九次运动分别是太平天国运动、洋务运动、维新变法运动、义和团运动、辛亥革命运动、新文化运动、五四运动、五卅运动、"一二·九"运动；十场战争分别是鸦片战争、第二次鸦片战争、中法战争、甲午中日战争、八国联军侵华战争、护国战争、第一次国内革命战争——国民大革命、第二次国内革命战争——土地革命、抗日战争、解放战争。

再举个例子，一五计划经济建设的重大成就，我们就可以这样总结：一桥、二铁、三公、四厂。一桥即武汉长江大桥；二铁是宝成和鹰厦铁

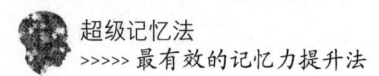
路；三公是川藏、青藏和新藏公路；四厂是鞍山无缝钢管厂、长春一汽、沈阳飞机制造厂、沈阳机床厂。

通过以上两个例子我们明白，在运用"浓缩知识"来帮助我们记忆的时候，其实就是一个总结知识，建立知识框架，然后再填充记忆的过程。这种记忆方式可以很有效地帮助我们将大量知识化简，方便记忆。

▶ 历史事件的记忆小窍门

在学习历史知识的时候，通常记忆历史事件是一个大难题。因为在记忆历史事件的时候，事件所发生的年代往往让我们的记忆吃不消，常常会出现"记混"或者"记错"等现象。那么，该如何克服这些记忆障碍，使记忆历史事件不再是我们学习历史知识的绊脚石？我们可以采用以下几种记忆的小窍门，来帮助我们记忆历史事件。

1. 同一年代发生的不同事件

历史上，一个年代不可能只发生一件历史事件，那么，针对这一特点，我们就可以采用"一时对多事"的方法来帮助我们记忆。举个例子来说，在1861年的时候，世界上就发生了很多的重大历史事件，如：俄国农奴制改革、美国内战爆发、意大利王国成立、清政府设总理衙门、慈禧太后发动辛酉政变、清廷任命沈葆桢为江西巡抚。那么，当我们在记忆这些历史事件的时候，就只需要记住一个1861年就可以了，减轻了我们的记忆负担，提高了我们的记忆效率。

2. 采用数字特征来帮助记忆

我们知道，每一个历史事件所发生的年代都是由一串数字来表示，那么，既然这样，我们就可以利用数字的特征来帮助我们记忆。如，连续数字记忆，或是间隔等差数字记忆。

举个例子，1916年发生凡尔登战役和索姆河战役；1917年发生俄国二月革命和十月革命；1918年第一次世界大战结束；1919年巴黎和会召开；1920年国际联盟建立；1921年华盛顿会议召开；1922年苏联成立。

当我们在记忆这些历史事件的时候，只需要记住每个事件的先后顺序，再记住第一个事件发生的年代就可以了。从而变相地减少了记忆，提高了记忆效率。

再举个例子，1911 年武昌起义；1913 年二次革命；1915 年护国运动；1917 年护法战争。我们在记忆这几个历史事件的时候，同样不需要记忆每个年代都发生了什么，只需要记住 1911 年发生了武昌起义，继而两年后发生二次革命，四年后护国运动……

还有，1927 年第一次国内革命战争失败；1937 年抗日战争爆发；1947 年中国人民解放军转入反攻。三个时间之间间隔的时间均为 10 年，有规律可循，方便记忆。

除了总结一些历史事件的发生时间规律外，我们还可以根据一些年代本身的特征来帮助我们加深记忆。如 1234 年的时候蒙古灭金；1818 年的时候马克思诞生。

同时，我们还可以结合一些重大事件的因果关系来帮助我们记忆。比如说这样一串事件：1917 年十月革命，革命制止了战争，所以到了1918 年，第一次世界大战结束。巴黎和会拒绝中国的正义要求，这是1919 年发生的"五四"运动的导火索。"五四"运动的发生把新文化运动推向了新阶段，传播马克思主义成为主流。到了 1920 年的时候，共产主义小组出现，马克思主义同工人运动相结合。直到 1921 年，中国共产党诞生。

用这样的方法来记忆历史，就像是我们在回忆某一天所发生的事情那样简单：早上很饿，所以吃饭，吃完饭很饱，所以又出去运动等。因为所记忆的事情具有了一定的逻辑性，所以我们的记忆自然也就变得简单了很多。

不过这里需要注意的是，我们在运用这种"数字特征记忆法"的时候，一定要将每个历史事件发生的先后顺序记清楚，一旦记错了顺序，将年代间隔记忆得再准确，也是毫无意义的。

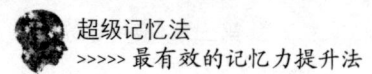
3. 谐音、联想相结合，让单调的历史事件变得不再枯燥乏味

在记忆历史事件的时候还可以采用谐音记忆法，既有趣又方便。

举例来说，苏联在 1922 年刚成立时的加盟共和国有：乌克兰、外高加索、俄罗斯、白俄罗斯。我们在记忆这个历史事件的时候，就可以用这样的谐音：屋外两只鹅。事件发生时间是 1922 年，两个"2"，恰恰又对应"两只鹅"。

再举个例子，1683 年的时候，清军入台。我们在记忆的时候，就可以这样记忆，清军入台的时候，是通过"一路爬山"（1683）的方式。

通过以上两个例子我们可看出，运用谐音和联想的方式，不仅为枯燥的记忆增添了不少的乐趣，同时还加深了我们的记忆印象。

方便我们记忆的那些历史歌诀

历史知识繁杂而难记，稍有不注意，就容易将一些相似的历史事件记混、记错。比如中国古代史上那些嬗变交替、连续不断的朝代，我们在记忆的时候就常常感觉到繁乱难记。如果能将这些朝代编成口诀或歌谣，这样不仅可以提升我们的记忆速度，同时还会提高我们记忆的准确性、持久性。下面，就让我们来了解一些与历史知识有关的歌谣和口诀。

1.《历史朝代歌》

三皇五帝始，尧舜禹相传。

夏商与西周，东周分两段。

春秋和战国，一统秦两汉。

三分魏蜀吴，二晋前后延。

南北朝并立，隋唐五代传。

宋元明清后，皇朝至此完。

2.《洋务运动》

洋务运动新主张，"师夷长技以自强"；

中央代表恭亲王，地方（曾）国藩李鸿章；

张之洞、左宗棠，兴工业、办工厂；

建海军、开学堂，"自强"、"求富"似梦乡；

洋务运动虽失败，未使中国得富强；

但引科技和经验，客观作用不能忘。

3.《五胡十六国》

前后南三燕，西秦南凉鲜卑建；

前西二凉和北燕，政权仍为汉族建；

前赵北凉夏匈奴，前秦后凉汉（成汉）氐建；

羯后赵，羌后秦，十六小国长混战。

4.《美国南北战争》

南北矛盾不调和，林肯当选导火索；

奴隶制度成焦点，南部联盟燃战火；

维统废奴两任务，《解奴》《宅地》成转折；

六五北方得胜利，林肯人民心中活；

又如："俄国废除农奴制"的歌谣；

农奴制度显危机，资本发展受阻击；

亚历山大颁法令，一八六一俄崛起；

农奴从此获"自由"，出钱赎买得份地；

贵族地主利益保，封建残余拖后腿。

尝试读几遍以上几个历史歌谣，是不是感觉历史知识就没那么复杂难记了？而这，就是口诀记忆法的魅力所在。不过，当我们在运用这种记忆方法来帮助我们记忆的时候，需要注意，编写历史歌谣或者口诀的时候，形式一定要整齐，内容一定要正确，不可为了押韵"乱编历史"。语言要生动活泼，这样才能方便我们的记忆。

▶ **历史人名与地名的记忆**

历史上，有许许多多的人名和地名需要我们去记忆，所以，懂得如

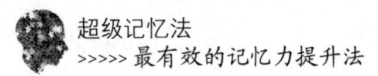

何去记忆历史人名和地名也是我们学习历史知识的一个基本功。

其实，关于记忆历史人名和地名的方法有很多种，最重要的就是我们要找到最适合自己的记忆方法，这样才能记得快、记得准、记得牢。下面，让我们通过一些练习，来了解下历史人名及地名的记忆方法。

1. 《天津条约》开辟的十处通商口岸分别是哪里

《天津条约》开辟的十处通商口岸分别是：南京、汉口、九江、汕头、镇江、烟台、台湾、淡水、营口、琼州。那么，如何最快、最准地记忆这十个通商口岸呢？且还要记得牢。

关于这十个通商口岸的记忆，我们可以采用"串字法"，在每个地名中挑选出一个字，然后串联起来，组成一句比较顺口的话：南汉九头镇，烟台淡营州。

经过这样的加工，这十个地名的记忆是不是就方便了很多呢？不过，并不是任何的地名都适用于这种方法的，如果所串联的语句不顺口、押韵的话，那么，这种方法也就没有什么实质性的意义了。

2. 太平天国永安建制所封五王分别是谁

太平天国永安建制所封五王分别是东王杨秀清，西王萧朝贵，南王冯云山，北王韦昌辉，翼王石达开。

关于这几个人名的记忆，我们可以采用谐音、串联、联想三种记忆方法来帮助我们记忆：东洋消息，南风在北纬十一度。

如何来理解这句话，"东洋"谐音为"东杨"，指东王杨秀清；"消息"谐音为"萧西"，指"西王萧朝贵"；南风谐音为"南冯"，指南王冯云山；"北纬"谐音为"北韦"，指北王韦昌辉；"十一"谐音为"石翼"，是指翼王石达开。经过这样的谐音处理之后，再将"谐音加工"后的词连成一句比较夸张、不合常理的句子。这样一来，我们就轻松记忆了这样几个人名及他们的头衔。

由以上两个例子来看，历史人名及地名的记忆并不困难，只要我们掌握正确的记忆方式，找到最适合自己的记忆方法，就可将这些人名和地名准确、快速地记忆到我们的脑海中。不过有一些细节需要注意。当我们在运用谐音记忆法的时候，一定要记住正确的汉字读音及写法，比如"嬴政"不能写成"赢政"，"厦门"不能写成"下门"等。如果只是单纯地记住了谐音的发音或者汉字写法，那么，对记忆历史知识来说，是没有任何意义的。

▶ 最实用的历史年代记忆法则

学习历史知识如果不记忆历史年代，就好像是漫无目的地在马路上开车又不看指示灯，盲目而毫无意义。所以说，在学习历史知识的过程中，懂得记忆年代是非常重要的。但是，往往记忆年代又是我们学习历史知识的一个难点。一串又一串的小数字，看似简单却十分难记，就算记住了，又常常会出现记混、记错的现象。那么，记忆历史年代有什么好的方法吗？下面，让我们在一些基本记忆方法的基础之上，了解下记忆历史年代的小窍门。

1. 让记忆变得有趣

记忆历史年代就是记忆一串又一串的小数字串，所以在记忆的过程中自然非常的枯燥、乏味。为了提高我们的记忆兴趣，我们完全可以将记忆年代变成一件有趣的事情，或是利用谐音法，或是运用联想记忆。

举个例子，马克思诞生于1818年5月5日。这个日期应该如何记忆？首先，运用谐音法，将"1818"谐音成"一巴（掌）一巴（掌）"；"5月5日"谐音成"呜呜"，仿佛哭声一样。将"一巴（掌）一巴（掌）"与"呜呜"连接起来，充分发挥我们的想象力：马克思出生了，一巴掌一巴掌将资本家们打得"呜呜"直哭。于是，我们轻松记住了，马克思的出生日期是1818年5月5日。

再举一个例子，1900年的时候是义和团运动的高潮时期。这个时间应该如何记忆？我们可以充分发挥我们的想象力。义和团的"义"通"一"，就是1900年的"1"；"和"通"河"，1900年中的"9"横过来看

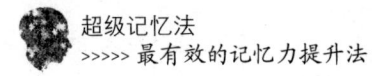
就像是河水中卷起来的小浪花；"团"代表"团子"。经过这样的联想之后，我们就可以将1900年是义和团运动的高潮这样滑稽地解释：一个人，站在河边，运动着包团子。

同时，在记忆年代的时候，我们还可以利用熟悉的相似事物进行联想：比如说，张骞于公元前119年的时候第二次出使西域。而数字"119"正是我们熟悉的火警电话，从而将这个历史年代牢牢记住。又或者，7月4日是美国的独立日，而这一天恰巧是你身边的某个朋友的生日。那么，我们就轻松地将这个日期记忆在了脑海里。

利用这样的记忆方法是不是将枯燥的年代记忆变得有趣了很多？当然，在记忆的过程中，我们应该如何联想，怎样夸张地去谐音，完全是看个人的敏感音节。毕竟，只有找到最适合自己的联想方式才能将记忆的能力发挥到最高。

2. 通过年代的相互比较来记忆

因为历史年代与年代之间往往看起来很相似，可稍微记错一个数字就会造成大错，所以针对历史年代的这一特点，我们完全可以采用"相互比较"的方式来帮助我们记忆历史年代。通过这种方式来记忆历史年代时，我们往往只需要记住一个历史年代，然后通过相互比较的方式就可以记忆起另外一个或者多个历史年代。

举例来说明下，比如：中国的近代史始于1840年，而世界近代史比中国近代史早200年，是1640年；又比如，中国现代史始于1919年，世界现代史比中国现代史早两年，是1917年。就这样，我们通过比较的方式简化了记忆，提高了记忆效率。

不过，在运用这种比较记忆法来帮助我们记忆历史年代的时候，也并不是盲目地去对比着记忆。所选择比较的二者之间一定要有着某些明显的联系，如第一次世界大战与第二次世界大战相互比较、第一次鸦片战争与第二次鸦片战争进行相互比较等。这样才会方便我们的记忆，否则只会越记越混。

3. 推导年代也是一个不错的记忆选择

因为需要记忆的历史年代比较多，逐一地记忆实在太过繁琐困难，那么，我们在记忆的时候，还可以利用"推导"的方式帮助我们记忆年代。就是根据自己记住的某个历史年代，经过推导而记住另一个或几个历史年代。在推导的时候，我们可以通过人物、事件等诸多元素来找出各个年代之间的关系。可以向前推，也可以向后推，应用灵活。

这种"推导记忆"与前面介绍的"比较式"记忆有些相似，但比"比较式"适用于更广范围的年代、事件。

举例说明，马克思诞生于 1818 年，恩格斯比马克思小两岁，那么，他则于 1820 年出生。而列宁又比恩格斯小 50 岁，由此又推知，列宁诞生于 1870 年。

再比如，抗日战争开始于 1937 年，而在这之前，我们经历了十年的内战，由此可推出，内战开始于 1927 年。再往后推，我国抗日战争进行了八年，可推出，抗战结束的时间是 1945 年。

还有一种推导记忆的方法，是专门针对记忆中国的一些历史事件的。因为我国古代人一般使用甲了纪年法，所以在近代史上也常常使用甲子纪年法来表述一些历史事件。比如甲午战争、戊戌变法、庚子赔款、辛丑条约、辛亥革命等。那么，面对这样的历史事件，我们就应该学会这样一种记忆方法：记住一个历史事件发生在公元某某年，就可推算出另一个历史事件发生的公元年代。我们知道辛亥革命发生在 1911 年，那么，辛丑条约就是倒转去了十个天干地支，即 1901 年。庚子赔款接着倒转去了一个天干地支，即 1900 年。

推导法是将死板的记忆变得灵活，为大量的历史年代之间增加了"关联性"，从而方便了我们的记忆。

4. 将年代与数学计算相结合

因为年代就是一串串的小数字串，所以我们在记忆历史年代的时候，为了加深印象，还可以从这些小数字串中找出某种数学算式，从而帮助

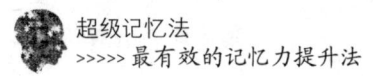
我们记忆。

举例来说，公元前 525 年波斯征服埃及，636 年阿拉伯与拜占廷会战，仔细观察这两个年代，发现这两个年代数字都是前一位数字的平方等于后两位数。又如，1644 年清军入关，观察这个年代，发现后两位数字相乘正好等于前两位数字，从而对这个年代加深记忆。

再举一个例子，"孝文三十三，死于 499 年"，意思是说，魏孝文帝于公元 499 年的时候去世，终年 33 岁。通过观察我们发现，"99 年"正好是"33 岁"的 3 倍，再利用谐音，"4"谐"死"，从而联想出魏孝文帝 33 岁的时候去世，正好是 499 年。

我们知道，数字的组合方式是各种各样的，所以我们在利用"数学算式"来帮助我们记忆的时候，一定要找到最能刺激自己记忆力的方式，这样才能加深记忆印象，提高我们的记忆效率。

5. 粗略地去记忆

各种各样的历史事件数不胜数，如果将每一个事件发生的时间都记忆得清清楚楚，似乎是一件不可能的事情，但为了学好历史，记忆历史年代又是必须，该如何平衡这种矛盾呢？这时，我们就可以运用一种"大概法"来记忆历史年代，从而完善我们的历史知识。

因为很多历史年代并不需要准确地记忆，所以针对一些历史事件，我们只需要记忆大概的历史年代就可以了。不过，要想运用这种方法来记忆年代，我们还需熟练掌握历史年代的不同分段。比如，将历史按时间分，一般分为上古史、中世纪史、近代史和现代史几部分，划分好时间段之后，我们就可以在一个大范围内粗略地记忆某一个朝代、某个世纪。或者再细一些，可记某个朝代的初末，帝王年事，如唐贞观年间。也可记某世纪的初叶、中叶、末叶，或某十年代，如 18 世纪中叶、19 世纪 40 年代等。

这种记忆年代方法的好处就是，我们并不需要大量记忆复杂的确切年份，可以掌握大概的时间段来帮助我们记忆，既轻松了记忆，又完善了我们的历史知识。

6. 分类列表或编制年表来帮助记忆

关于记忆历史年代，我们还可以通过分类列表或者编制年表的方式来帮助我们记忆。这样可以使我们的记忆更加的清晰，从而加深了记忆的印象。同时，在分类列表或编制年表的过程中，也是我们对历史知识复习的一个过程，加深了记忆印象，提高了记忆效率。

所以说，当你面对一大堆的历史年代需要记忆，而你又不知道该从何开始记起的时候，那么，将这些历史年代进行分类列表或者编制年表，是一个不错的记忆选择。

▶ 学会归纳，让历史知识的记忆变得有规律可循

如果你感觉记忆大量的历史知识给你带来了困难，且你在这些知识中丝毫找不到任何的规律，那么，这时你就可以采用归纳法来帮助记忆。但是，历史知识要如何归纳才能方便我们的记忆呢？下面，让我们通过事例来了解下归纳法记忆历史知识的便捷之处。

1. 用归纳法记忆原始社会生产关系

我们知道，原始社会生产关系的特点是：生产资料归集体所有；在生产过程中形成原始的平等与互助合作的关系；个人消费品实行平均分配。

那么，我们在记忆这个知识点的时候，就可将其归纳为 4 个字：一公二平。

其中"一公"指的是生产资料公有制，"二平"指的是人们在生产劳动中形成了原始的平等互助关系和平均分配消费品。

就这样，我们将一个原本不容易记忆的知识点，利用四个字进行了巧妙的归纳总结，使知识点变得轻松易记。

2. 用归纳法记忆有关隋朝大运河的历史知识

在学习历史知识的过程中，一些比较"杂乱"的知识往往比较难记

忆。就拿隋朝大运河来说,它的作用是什么?谁开凿的?全长分几段?跨越哪些城市等,这些都是我们需要去记忆的,而这些记忆材料又毫无规律可循,那么,我们在记忆有关隋朝大运河历史知识的时候,就可以进行巧妙的归纳总结,将与隋朝大运河有关的历史知识归纳为"一二三四五六"六个数字来记忆,即:

一条南北交通大动脉;隋朝第二代皇帝隋炀帝开凿;跨越三大城市,即以洛阳为中心,北达涿郡,南至余杭;全长分四段:永济渠、通济渠、邗沟、江南河;连接五大河流:海河、黄河、淮河、长江和钱塘江;流经六省:冀、鲁、豫、皖、苏、浙。

这样一来,我们就轻松记住了与隋朝大运河有关的历史知识,而这,正是归纳法的便捷之处。

3. 用归纳法记忆中国近代史上发生的重大事件

我国近代史上,曾发生过许多的重大事件,比如说鸦片战争、签订《马关条约》、辛亥革命、无产阶级产生、戊戌变法等。如果让我们单纯地去记忆这些事件的话,可能是一件比较麻烦的事情,但是,如果我们能将这些知识进行巧妙的归纳,那么,这些知识的记忆则变得轻松容易。

我们可以将中国近代史上发生的重大事件归纳为"五四三二一"几个数字来记忆。怎么理解呢?即:

发生五次重大战争:鸦片战争、第二次鸦片战争、中法战争、中日甲午战争、八国联军侵华战争;

签订四个不平等条约:《南京条约》、《马关条约》、《辛丑条约》、《二十一条》;

有过三次革命高潮:太平天国运动、义和团运动、辛亥革命;

产生两个阶级:无产阶级产生、民族资产阶级产生;

一次失败的变法:戊戌变法。

就这样,我们利用"五四三二一"五个数字将一串无规律可循的知识点进行了有效的归纳串联,从而方便了我们的记忆。

通过以上三个事例，你是否感觉到了归纳记忆法的便捷之处呢？其实，知识点要如何归纳，进行怎样的归纳，完全可以按照个人的习惯，同时，当我们在对知识进行归纳总结的时候，也是对知识进行再一遍复习的过程，从而加深了我们对知识的印象。所以说，当面对大量繁杂、毫无规律可循的历史知识时，我们完全可以采用归纳记忆的方法来帮助我们记忆历史知识。

第六节　记不住的人——相貌的记忆

▶ 明明见过的人，你为什么还是记不住

"明明是见过的人，可为什么再一次见面的时候还是记不住？"这是我们日常生活中偶尔会遇到的小尴尬。很多人认为这是一种病，是自己的记忆力出现了缺陷。实际上，这是一种很正常的现象。

1. "认不出"其实很正常

为什么说"认不出"是一种很正常的现象，我们知道，我们人类是群居性动物，几乎没有人可以离开社会而作为一个单独的个体去生活。所以说，只要我们生活在这个社会中，就需要和成千上万的人去打交道。而要想认识、了解这些人，就要将他们的相貌统统记忆在我们的脑海中。不过，要记忆众多的相貌也并不是一件容易的事情，在大量的相貌记忆面前，一般人偶尔出现记忆短路或者暂时遗忘，是很正常的事情。举个例子来说，当我们第一次见到一个人的时候，他穿着运动服、运动鞋，我们会感觉这个人很爱运动、很阳光，并将这个特点当作是我们记忆这个人相貌的重点。可第二次再见到他的时候，这个人穿起了西装、皮鞋，那么，这个时候我们的记忆就会出现暂时的"认不出"，这是一种很正常的现象。

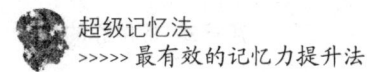
再比如，我们在认识一个新朋友的时候，感觉她盘起的长发很漂亮，可下次再见面的时候，她将头发散开，那么，因为我们上一次将记忆的重点放在了她盘起的长发上，而如今这个特点被人为地改变了，所以，我们就容易"认不出"或者"认错"。

同时，对于一些熟人的记忆也是一样的，我们在记忆一个人的时候，无论是多熟络的朋友或者多亲密的亲人，我们都不可能将这个人的每一个细节都深深刻印进我们的脑海里，我们往往只会抓住这个人的某一个或者多个特征去记忆，偶尔这些特征被小小地改变或者又遇见拥有相同特征的人时，我们的记忆便出现了暂时性的"遗忘"和"混淆"。而这也就是我们所说的"认不出"和"认错"。

所以说，偶尔的"记不住"并不是什么"记忆疾病"，是一种正常的现象。只要我们在与人接触的过程中，多些细心观察，这种"记不住"的小尴尬次数就会减少很多。

2. 什么是"脸盲症"？

很多朋友将自己记不住别人的脸当作是一种叫作"脸盲症"的病症。实际上，脸盲症是一种比较不常见的疾病，我们偶尔的粗心遗忘，并不算是脸盲症，那么，什么叫作脸盲症呢？下面，让我们来了解下。

脸盲症，又被称之为"面孔遗忘症"，是一种对脸型没有辨认能力，或者根本就看不清楚人脸的病症。患有脸盲症的人，就算是面对身边最亲近的人，他们往往也是形同陌路。为什么会有脸盲症？脸盲症的成因是什么呢？下面，让我们来了解下。

一般来说，脸盲症可以被分成两类，一类是获得性脸盲症，另一类是发展性脸盲症。所谓获得性脸盲症是患者原本具有识别面孔的能力，但是因为后天的某些因素，导致与面孔加工相关的大脑区域受到损伤，就出现了脸盲症的症状。我们知道，面孔加工本身是一个复杂的心理和生理过程，需要由多个脑区组成的神经网络协同工作，其中最重要的中枢之一是横跨大脑颞叶和枕叶的梭状回，许多获得性脸盲症患者就是因为这个区域受损，而导致了脸盲症。

什么是发展性脸盲症呢？它与获得性脸盲症有所不同，这类脸盲症患者一生下来就缺乏正常的面孔识别能力，也就是我们所说的先天缺陷。这种脸盲症的产生原因是因为大脑在发育早期受到某些因素的干扰，未能发展出健全的面孔视觉认知机制。现今，我们对这种脸盲症的相关研究仍然非常稀缺，所以说，究竟是什么样的发展障碍，或是哪些具体的基因导致了发展性脸盲症的产生，我们还没有确切的定论。

不过，因为面孔识别是我们日常生活中必不可少的一种能力，无论患上哪种脸盲症，都会给我们的社会生活带来极大的困扰。所以说，在先天没有缺陷的基础上，应该好好保护我们的大脑，以免梭状回等区域受损，患上脸盲症。同时，偶尔的认不出也并不是脸盲症，只是我们在记忆他人相貌的时候不够细心，如果在记忆的时候能够多留心些，那么，这种"脸盲"的现象则会逐渐减少很多。

▶ 记住相貌也有技巧

生活人，大多数人并不将记忆相貌当作是一件困难的事情，所以往往也就对相貌的记忆不是很重视。实际上，相貌是我们人类生理、心理特征的一面镜子，而因为每个人的生理、心理各有不同，所以形成了形形色色的相貌。比如说，有人眉毛粗、有人眉毛细，有人脸型圆、有人脸型方。不一样的心理或生理造就了不一样的相貌，反之，我们也可以根据相貌推测出一个人的身份、地位，从某种程度上了解他的性格、脾气等。换种方式说，是否善于记忆相貌，其实对我们的生活、工作是有着很大影响的。尤其是对于一些从事画家、服务工作、教师等职业的人，往往更是需要具备很强的记忆相貌的能力。

不过，在面对各种各样的相貌时，我们难免会出现"记错"或者"记混"的情况。为了帮助人们记忆相貌，心理学家提出了以下几种记忆相貌的办法。

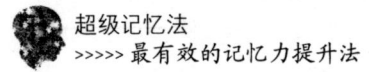

1. 尊重地打量整体

每当我们对一张新面孔进行记忆的时候，不妨先花费几秒钟的时间粗略地去打量下这个人的整体特征。比如说身高属于高还是矮；皮肤颜色是白皙还有黝黑；形体较胖还是较瘦；头发是长还是短；年龄大约为多少；戴不戴眼镜等。这样整体打量是为了帮助我们对这个人有一个整体的最初记忆，然后再从细节逐渐加深记忆印象。

不过，当我们在整体打量对方的时候，不要太过张扬，要注意尊重对方。

2. 通过详细观察抓住这个人与众不同的特征

整体打量过后，我们再从一些细微的特征来抓住这个人与众不同的特征。比如说，眼睛形状、大小；鼻子高低；嘴唇厚薄；耳朵大小，有无耳洞、耳环；脸上是否有痣或雀斑等。

如果需要同时记住几个人的相貌时，我们可以将这几个人的相貌加以比较，比如说，谁是最好看的，谁是最苗条的，谁是最高挑的等。

3. 对于相貌不突出的人，综合其特征进行记忆

对于一些相貌特征不是很突出的人来说，我们记忆起来往往也比较困难，并且还容易与别人相混淆。那么，这时就需要我们将这个人的相貌与其其他特征进行综合，从而来帮助我们记忆。比如说，我们可以将这个人说话的声音、口音、表情、性格、气质等联系起来帮助记忆，加深记忆印象。

记忆相貌的能力与我们的形象记忆力有很大的关系。而且，这种记忆力与遗传有关系，不过并不完全决定于遗传因素。所以在相貌的记忆上，我们只要平时用心加以锻炼，这种能力就会逐渐提高。

第七节　古文其实不难记——古文的记忆

▶ 古文记忆的 6 个步骤

古文往往是学生们学习语文知识的一个难点，这是因为古文并不像现代文那样易于理解，一些语句读起来也并不算是很顺口，而且，对于古文的记忆，其准确性要求比较高，甚至每一个标点符号都需要我们去认真记忆。种种原因，形成了我们学习、记忆古文的障碍。那么，古文真的有那么难学吗？下面，就让我们通过六个步骤来学习下，如何将古文玩转。

第一步，大声地去诵读

当我们在记忆一篇古文之前，首先应该做的就是大声地去诵读，强化我们对文章的熟悉程度。同时，我们在诵读的过程中，随着诵读遍数的不断增多，我们对文章的内容也会逐渐加深理解，对文章中的每句话都更加的明白，还会慢慢开始有了自己对文章的独特感悟及体会，更加深刻地了解作者在写这篇文章时的目的与想法。而这也就是我们古人所说的"读书百遍，其义自现"。

文章理解的越透彻，内容掌握的越详细，就越有助于我们背诵古文。所以说，当你准备背诵一篇古文之前，首先需要做的，就是大声地去诵读，加深对文章的理解，从而轻松自己的记忆。

第二步：出声地去背诵

当你对一篇古文已经绝对地熟悉了之后，你便可以开始着手去背诵，而这也正是古文背诵的第二个关键步骤：出声地去背诵。

出声地背诵就是在大声诵读的基础之上，抛开书本，开始出声地进行背诵。且在背诵的过程中，你可能会发现这样一个现象，当你背诵第一遍、第二遍的时候，往往会比较生硬，经常出现遗忘和背错的现象；但当你背诵第三遍、第四遍的时候，你的背诵就开始逐渐变得流利，不需要再去频繁地翻看书本纠正自己；等到你背诵第五遍甚至第六遍的时候，你就已经完全熟练地掌握了整篇文章，不会再发生漏字、添字和语序颠倒的情况。甚至可以说，这时，你想错都难了。

通过前两个背诵步骤我们发现这样一个问题，在记忆古文的时候，"出声"是关键，这是为什么呢？原来，当你将所需要记忆的内容读或背出声的时候，是对我们记忆功能的一个再重复，起到嘴上诵读，心里默背的双重功效。而且，出声也可以使我们随时发现、检查自己的错误所在。尤其对于一些记忆准确性不高的人，在背诵的时候发出声音，是提高记忆准确性的一个最好的方法。

第三步：完成口头背诵之后，还要保证每个字的正确性

当我们绝对熟练地背诵完一篇古文之后，接下来的一步就是要保证字的正确性。很多人在背诵古文的时候不注重字的正确性，往往在默写的时候错误连篇，而这对古文的记忆是没有任何意义的。

提高字的正确性其实很容易，只要我们拿起书本，一行一行仔细地看下去，将容易出错的字多练习几遍就可以了。这一步虽然看起来微不足道，可却十分重要。如果做不好，前面的努力将前功尽弃，所以一定要认真对待。

第四步：学会勾画重点

如果你将前三步全都认真地完成了，那么，接下来你就可以在文章中勾画出一些句子，这些句子可以是一些名言警句，如"先天下之忧而忧，后天下之乐而乐"；也可以是一些揭示主题、中心的关键性语句，如"斯是陋室，惟吾德馨"；还可以是一些描写山水，表现作者心情的句子，如"青树翠蔓，蒙络摇缀，参差披拂"、"凄神寒骨，悄怆幽邃"等。勾画完这些句子之后，我们可以将这些句子再进行一次重点背诵，充分理解它们在文章中的作用，达到"熟记于心"的目的。

因为我们的记忆并不是永远不会出现遗忘，将所有背诵过的古文都牢牢记在脑海里，似乎是一件不可能完成的任务，所以我们勾画出比较重要的句子来进行着重背诵，这样一来，就算是我们没有办法将一整篇的古文都牢记在心里，我们也可以熟记这些重点句子，以备理解性记忆之需。

第五步：提出问题，从文章中找答案

如果你认为你已经完全熟练地掌握了某篇古文的背诵，默写也能达到字词正确性的百分之百，那么接下来，你就可以针对这篇古文，对自己提出各种各样的问题，然后用文章中的话来回答。

这样做的目的是加深我们对文章的理解，同时也加深了我们对文章的记忆。

第六步：养成良好的积累诗句的习惯

最后，我们要养成良好的积累诗句的习惯，这不仅可以有助于我们形成厚实的文化积淀，而且还可以提高我们背诵古文的能力，使背诵古文成为一种习惯。同时，我们在写作的时候，也完全可以引用一些古文，为我们的文章增添些色彩。

古文背诵时应遵循的 3 个原则

背诵古文的时候，应当遵循一定的"古文背诵原则"，这样才不至于使背诵古文的过程太过枯燥、无聊。那么，古文的背诵原则都有什么呢？下面，让我们来了解下。

原则一：化"长"为"短"

所谓化"长"为"短"的意思就是说，将篇幅过长的文章或者段落划分成几个篇幅较短的部分，从而使我们的记忆没有太大的压力。

因为我们在面对过长篇幅需要记忆的时候，内心首先就会有一个"抵触"的情绪，有了抵触的情绪，背诵自然就很难进行下去。将文章内容化"长"为"短"，使每次背诵的内容少了，记忆的速度自然也就会加

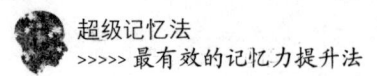

快，背得快了，我们就会在内心不自觉地产生一种"成就感"，这样就会比一次背诵全文、全段要轻松很多。

不过，我们在遵循化"长"为"短"这一原则的同时，也需要注意一些细节，就是将"小段"全部背诵完成之后，一定要将背诵完的几个部分熟练地连接起来，以免出现背错、背混的现象。

原则二：一定要掌握文意

背诵古文的第二个原则就是，当我们决定要背诵一篇古文的时候，最重要的就是要先深入把握文意，对文章的写作思路、结构、主旨等有一个深入的了解。如果我们单纯地靠着反复强化去对某篇古文进行"强行记忆"的话，其结果只能是记得快，忘得更快，或者语序颠倒，错误连篇。

所以在我们背诵某篇古文之前，一定要正确、充分地理解这篇文章的文意，在脑海里对这篇文章加深印象，从而达到"轻松记忆"的目的。

原则三：为自己规定背诵时间，并进行多次复习巩固

每个人都是有惰性的，尤其是面对自己不喜欢做的事情时，更是喜欢拖拉。针对这一特点，我们在背诵之前，除了要明确背诵内容之外，还要再为自己规定背诵时限，限定自己在最短的时间内完成背诵，不能拖拉。因为越拖拉越厌烦，最终什么都背不下来。

在完成"限时记忆"之后，我们还要进行多次的复习与巩固，这样才能将文章记得更加牢固。同时，经常使用"限时记忆"，也是对我们记忆力的一种锻炼与提高。

▶ 帮助记忆古文的小窍门

古文不能死记硬背，在充分理解的大前提下，也要讲求一些记忆的小窍门，下面，就让我们来了解一些针对古文记忆的方式方法。

1. 让文章中的某个字词为你做提示

很多人在背诵古文的时候常常会出现这样的状况，就是背诵到某一段落的时候，突然"卡"住了，无论怎么回忆都想不起来接下来要背诵的内容是什么。如果在这个时候，有人能提示他下一句话的第一个字是什么的话，他便又能继续流利地背诵了。针对这种背诵古文时常出现的状况，我们完全可以利用"首字提示法"来帮助我们记忆古文。

当我们在记忆一段古文的时候，可以将每一句的第一个字（如果连续的短句较多，可以适当合并）写下来，用它们作自己背诵时的提示。比如我们在背诵《赤壁赋》的第一段时，就可以事先在纸上写上"壬、七、苏、清、水、举、诵"等字来帮助记忆。反复背诵几次，等到记忆熟练了之后，即使我们不用这些字提示也能将文章顺畅地背诵出来。

通过这种记忆方法，我们还可以从中拓展出一种记忆的方法——词语串联法。就是当我们在记忆某篇文章的时候，可以抓住一些关键词，然后将这些关键词前后串联，在记忆的时候当作我们的提示，一气呵成，帮助记忆。

比如说，《捕蛇者说》一文中，我们在记忆的时候，可以将"吾祖"、"吾父"、"吾"、"悍吏"、"吾"、"乡邻"等词作为我们的提示语，从而帮助记忆。

再比如，《孟子·告子下》一文，当我们在记忆"故天将降大任于斯人也，必先苦其心志，劳其筋骨，饿其体肤，空乏其身，行拂乱其所为，所以动心忍性，曾益其所不能。"这段话时，就可将其中"苦"、"劳"、"饿"、"空乏"这几个使动性动词，作为我们的记忆提示，那么后面内容就显豁得多。

不过，在使用这种记忆方法的时候，是有前提的。就是我们已经对文章的内容较熟练地掌握了，如果对所需要背诵的文章还处于一种"不太熟"的状态下，运用这种方法来帮助我们记忆，只会使我们的记忆越记越乱。

2. 根据翻译回忆原文

我们知道，在我们学习古文的时候，通常第一步都是首先将古文翻译成现代文，将每个字词的意思都落实，从而方便对古文的理解与分析。而当我们在背诵文言文的时候，为了方便我们的记忆，我们完全可以将这个过程"反过来"。也就是说，我们在背诵的时候，可以看着翻译好的译文，通过译文去回忆原文。因为我们在最初翻译古文的时候，已经对古文有了一定的认识和理解，这时再根据译文去还原原文，就比较容易了。

而且，这种记忆古文的方法不仅有利于我们背诵古文，同时还对文章的字词句的翻译可以有一个更加深入的巩固与掌握。

3. 边读边译边记忆

在背诵古文的时候可以边读边翻译，这样不知不觉间就可以加强我们的记忆。不过需要注意的是，在翻译的时候一定要仔细，将翻译落实到每个字词上。比如说，李密的《陈情表》第一段中的第一句："臣以险衅，夙遭闵凶。"我们在记忆这句话的时候，要配合上这样的翻译：以，因为；险衅，坎坷、罪过，即艰难祸患；夙，早时；遭，遭遇；闵，通"悯"；凶，不幸。语句的意思是：我因为艰难祸患，很早就遭遇不幸。

我们就这样通过边读边翻译的过程来记忆古文，在不知不觉间就加深了记忆，同时还对文句的理解更加深刻。不过，这种背诵方法通常速度比较慢，但记忆的效果非常好，一旦背诵下来，就很难会忘记。

4. 想象文章所描绘的场景，让记忆不再枯燥

背诵古文的时候，在完全理解的前提下，记忆时可以对文章所描写的内容进行想象，使脑海中形成一个画面，从而加深我们的记忆。如果你认为单纯想象的画面不足以让自己记忆深刻的话，还可以借用一些软件，将自己想象的内容"绘画"出来，从而将对文字的记忆转化成了对画面的记忆，深入作品，提高了记忆效率。

举个例子，杜牧的《清明》一诗：清明时节雨纷纷，路上行人欲断魂。借问酒家何处有，牧童遥指杏花村。我们在背诵的时候，就完全可以借用画面想象的方式来帮助记忆。想象着在一个天空飘着濛濛细雨的

季节，路上的行人稀少，画面中的一个游子正在问一个小牧童哪里有客栈。小牧童点着小脑袋，手指指向一个标有"杏花村"的地方。

再比如，《归去来兮辞》一文，第二段的首句："舟遥遥以轻扬，风飘飘而吹衣，问征夫以前路，恨晨光之熹微。"我们在背诵这段话的时候，可以想象这样一个画面：我们坐在一条小船上，轻轻摇荡在水上前行，时而飘起的微风将我们的衣裳吹拂起。边前行边问一些行人前行的路，微微发亮的晨光缘何依然如旧。通过这样的想象，我们可以很贴切地理解作者的心情，很快进入诗画的境界，与作者的心情产生共鸣，从而提高了背诵效果。

通过想象的方法去记忆古文，可以使我们的思路保持清晰，加快记忆速度，而且记得牢、记得准。同时，我们在运用这种方法记忆古文的时候，还可以配合一些比较有诗意的音乐来提高我们的记忆效果。

5. 通过文章中心句来帮助记忆

当我们在背诵某篇古文的时候，如果感觉背诵大幅的篇章比较困难，那我们就可以通过抓住文章的中心句来帮助我们的记忆。举个例子来说，《三峡》一文，我们在背诵的时候就完全可以通过这种方法来帮助我们记忆。

在这篇文章中，"三峡七百里中"、"至于襄陵"、"春冬之时"、"每至晴初霜旦"四个句子分别是文章四段的中心句，而这四句的下文，就是分别描绘这些情景的。所以说，我们在记忆的时候，只要能抓住这四个中心句，充分理解，那么，我们对整篇文章的背诵，就没有那么难了。

6. 针对一些故事性比较强的文章，背诵时可以抓住一些主要的故事情节来帮助记忆

针对一些故事性比较强的古文，我们在记忆的时候就可以通过抓住故事情节发展顺序的方法来帮助我们记忆。这种记忆古文的方法可以使单调无规律的古文记忆变得有逻辑性，从而方便了我们的记忆。

举个例子，当我们在背诵《扁鹊见蔡桓公》时，为了方便背诵，就

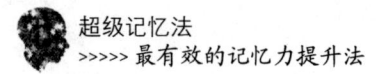

可以按照这篇文章的故事情节发展顺序来进行记忆。首先"疾在腠里"，接着"病在肌肤"，然后"病在肠胃"，最终"在骨髓"。顺着文章这样的逻辑顺序进行记忆之后，我们会发现，我们的记忆速度明显提高了许多，且记住之后当我们在回忆的时候，再次按照这样的顺序去回忆，也很容易回忆，从而又达到了"记得准、记得牢"。

再比如说，当我们在背诵《工之侨献琴》一文时，完全可以按照："工之侨得木"、"做琴"、"献琴"、"被退回"、"装饰琴"、"再献"这样的逻辑顺序来帮助我们记忆。

抓住文章故事情节发展顺序可以很好地帮助我们记忆，且背得快，记得牢。不过，这种记忆古文的方法只限于针对一些故事情节比较强的文章，如果文章内容并不存在很强的故事情节或者逻辑顺序，我们运用这种记忆方法则是毫无意义的。

7. 按照文章顺序来帮助记忆

按照文章顺序来帮助记忆与前面所介绍的"抓住故事情节"的记忆方法有些相似，但是，这种记忆方法所针对的古文范围更加广泛一些。比如一些非故事性的文章，我们就没有办法通过抓住文章的故事情节来帮助自己记忆，那么，为了方便记忆，我们就可以按照文章的顺序来加快记忆。

举个例子，《伤仲永》一文，我们在背诵的时候，就可以按照"仲永生五年"、"十二三矣"、"又七年"的顺序来记忆。

又如，《核舟记》一文，我们可以以空间顺序展开。文章循着"整舟"、"舟中"、"舟首"、"舟尾"、"舟背"的线路记叙说明，我们根据这一顺序背诵，理清顺序，那么，背诵的难题就会迎刃而解。

再比如，《寡人之于国也》一文，共有五段，将这五段的逻辑顺序进行整理，分别可以概括为：提出"民不加多"的疑问、分析"民不加多"的原因、阐述"王道之始"的道理、阐述"王道之成"的道理、阐述"使民加多"应有的态度。然后根据这样的文章顺序进行背诵，定会达到事半功倍的效果。

按照文章的顺序去记忆，这样不仅可以方便我们的记忆，同时，我们在为文章划分逻辑顺序的时候，可以对文章的条理及内容有一个更加深刻的印象，加深对文章的理解。

8. 从时间的角度去记忆

对于某些事件顺序较强的文章，我们在记忆的时候，可以从时间的角度去帮助记忆，从而达到流畅记忆。

比如说，北宋汪洙所编的《神童诗》："春游芳草地，夏赏绿荷池，秋饮黄花酒，冬吟白雪诗。"我们在记忆这首诗的时候，就可以按照春、夏、秋、冬四个季节的顺序来记忆。从《早春》的《春江花月夜》到《夏日》的《小池》，再从《秋思》《秋浦歌》到《冬景》《江雪》。

这种记忆方法可以提高我们背诵古文的兴趣，从而提升记忆效率。

9. 发现文章佳句，提高记忆兴趣

当我们在背诵一篇古文的时候，之所以感觉其困难，最大的一个原因就是我们对古文并没有太大的兴趣。对一个丝毫不感兴趣的事物进行记忆，记忆的效果自然会很差。所以说，要想提高我们的记忆效果，首先应该提升我们对古文的兴趣。

如何提升对古文的兴趣呢？最好的办法就是从中找到一些自己感兴趣的美言佳句。比如说，当我们在背诵李煜的《相见欢》时，就可以从"剪不断，理还乱，是离愁，别是一般滋味在心头"这句话来入手，从而引起对全文的兴趣，帮助记忆。

再比如，杜甫的《望岳》，"会当凌绝顶，一览众山小"自然是全诗的亮点，那么，我们就可以以这句话为"突破口"，进行全诗背诵。

10. 通过对比帮助记忆

我们在背诵古文的时候，还可以运用对比的方法来帮助记忆。

有些古文，在内容上运用了对比的手法，比如说，《过秦论》一文的最后一段，作者就运用了对比的手法，将陈涉与九国之师分别从社会地

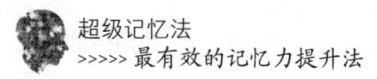
位、武器装备、发难兵员及才能谋略方面进行了对比。而我们在记忆这段的时候，就完全可以边对比边记忆。

首先，双方的社会地位迥异；其次，双方的武器装备悬殊；接着，双方发难时的兵员差距大；最后，双方的才能谋略区别大。

根据这样的对比方式，我们在记忆的时候记忆效率明显会提升很多。

11. 抄诵、听诵记得快

当我们在记忆的时候，充分地发挥各种感官的功能，尽可能做到眼看、耳听、口说、手写，可以很有效地加强我们的记忆力。

比如说，我们在背诵某篇古文的时候，可以边抄边背，不断反复，直到背熟。或者，将要背诵的内容用录音机或复读机等录音设备事先录好，以后不断地听，从而增强记忆。

其实抄诵、听诵法所运用的记忆方法就是多通道记忆法。让自己的感官充分地参与我们的记忆，从而加快记忆速度，提高记忆效率。

12. 边记忆，边表演

"边记忆，边表演"这种记忆古文的方法比较适合一些年纪较小的同学。当记忆某篇古文的时候，充分地在其中加入一些肢体语言或者背诵语气，可以有效地帮助记忆与理解古文，促进理解，从而达到背得快、记得牢的效果。

13. 综合记忆

背诵古文的时候，并不一定要单一地只按照某种方法去记忆，还可以融多种记忆方法为一体，从而提高对古文记忆的兴趣。

不过，怎样去综合记忆方法才更好，将哪几种记忆方法结合在一起才能使古文背诵效率达到最高，还要因人而异，找到最适合自己的记忆方法，才是最完美的记忆法则。

第八节 英语课文怎样背——英语课文的记忆

为什么要背诵英语课文

在学习英语的过程中，如果说记忆单词是第一大障碍，那么，背诵课文则应该算是第二大难题了。而正是因为背诵英语课文的艰难，所以很多人并不将背诵英语课文当作是学习英语的必须，还认为背诵英语课文是一件完全没有必要的事情。那么，我们在学习英语的过程中，为什么要学会背诵英语课文呢？下面，让我们通过两个真实的事例来了解下背诵英语课文的必要性。

事例一：因背诵而改变的人生

曾有这样一个高考考生，因为英语成绩过低，而与自己理想的大学三次失之交臂。

第三次高考失利之后，这名考生为提高自己的英语成绩，想到了这样一种学习英语的"笨"方法——背课文。于是，这名考生找来了一篇英语文章开始背诵，谁知，这篇由1000多个单词组成的文章中居然包含了300多个生词。不过这名考生并没有因此退缩，而是咬紧了牙关，开始疯狂地查字典，认单词。一个礼拜的背诵之后，这名考生已经可以将这篇文章熟练、流畅地背诵下来了。而也就是从那之后，这名考生养成了背英语课文的好习惯。下一年的高考中，如愿地考上了自己理想的那所大学。

后来，这名考生曾这样说道："是背英语课文改变了我的人生，让我学会了更多的单词，培养了良好的语感，有效地提高了我的英语成绩，让我考上了理想中的那所大学。"

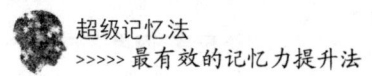
事例二：背诵英语课文，写出最完美的英文文章

美国 Duke 大学有一名中国留学生，曾因英文文章写得太好而被教授误认为是剽窃，后来教授得知了这名中国留学生的英文学习方法之后，竟被感动得哭了起来。这是怎么回事呢？

原来，这名中国留学生从高一的时候就养成了背诵英语课文的习惯，后来高考的时候考入了北京大学。虽然没有了高考的压力，但是这名同学却依旧坚持背诵英语课文的习惯。再后来，他去了美国 Duke 大学，第一次上交文章，因为文章写得太过漂亮，被教授误认为是剽窃。于是，这名中国留学生为了证明自己没有剽窃，就当着教授的面背诵了 108 篇文章。

因为这名同学常年背诵英语课文，所以自然就提升了写作能力。

从以上两个真实的事例我们可以看出背诵英语课文的必要性与重要性。所以说，背诵英语课文并不是英语老师布置下来的无聊作业，而是提升你英语成绩的最佳"捷径"，懂得背诵英语课文，自然就掌握了疑难生词；学会了背诵英语课文，自然也就增强了英语语感。从而不知不觉间提高英语成绩，丰富英语知识。

▶ 背诵英语课文的好处

背诵英语课文有很多的好处，比如增强语感、强化记忆，同时对我们的理解能力、表达能力都有不同程度的提升。下面，就让我们通过几点具体的总结，来了解下，背诵英语课文都有哪些好处。

好处一：锻炼口语，提升交际能力

通过背诵英语课文，可以提升我们的口语能力，口语能力提升了，自然也就提升了我们的交际能力，从而打破"哑巴英语"的困惑。

很多人在学习英语的时候不喜欢读，不喜欢背诵，所以久而久之就形成了"哑巴英语"——只会写，不会说。而我们在背诵英语课文的过程中，不仅可以锻炼我们语音语调，而且还可以锻炼我们说英语时的语速，增强我们的语感。流利的口语有助于我们用英语与他人进行交流，而口语能力的培养必须通过大量的阅读、背诵才能实现。

好处二：有助于巩固已经学习过的单词、短语及句型、语法

在我们学习英语的过程中，无论是单词、短语、句型还是语法，这些全部都是通过课文中的句子来呈现的。所以说，我们在熟练背诵课文的过程中，也是对所学习过的单词、短语、句型及语法的一个巩固。从而提高英语成绩。

好处三：培养良好的英语语感

对于中国学生来说，在学习英语的过程中，如果能掌握良好的英语语感，则会对英语水平的提升有很大帮助。但因为我们缺乏英语语言环境，练习口语的条件受到一定的限制，所以依靠背诵英语课文，则成了提升我们的语感与听力最好的方法，从而达到提高英语成绩的目的。

好处四：提高英语书面表达能力

在学习英语的过程中，往往英文写作也是一大难题。而这时，背诵英语课文则可以帮上我们大忙。

我们知道，只要是写作，肯定就离不开词、句了及文法，英文写作也是一样，所以我们通过大量背诵英语课文的方式，在不知不觉间就拓展了我们的单词量，熟悉了文法，从而写出语义连贯的英语文章。同时，因为英语课文中含有许多精美的句子及段落，而这些东西在经过背诵之后，便储存进了我们大脑的"记忆宝库"，当我们在与人交流或者写英文文章的时候，就可以轻而易举地将这些精美的句子从大脑"记忆库"中提取出来，加以应用。

举个例子来说，当我们在写某一篇英文文章的时候，题材正好与我们曾经背诵过的某篇英语课文有些相似，那么，这个时候我们就可以从已经背熟的材料中，适当地选取词语，套用合适的句型，模仿类似的篇章结构等。这样则可使我们流利地运用英语表达出我们的思想，轻松地利用英文进行写作。

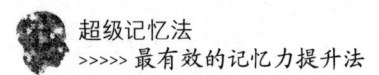
同时，凡是经过背诵的东西，通常都是牢记不忘的，就算是出现了暂时性的遗忘，静静地想一会儿，肯定会很快地回忆起来的。

好处五：有助于锻炼记忆力

养成背诵英语课文的习惯，还可以帮助我们提升记忆力。而记忆力提升了，无论是做什么，都是有着绝对的益处的。

以上就是背诵英语课文的五条好处。但实际上，背诵英语课文的好处还有很多，所以说，我们一定要多多背诵。而且，背诵的对象也不一定只局限于英语课文，除了英语课文，当我们看到一些比较好的英文文章时，我们也可以花费些时间将其背诵下来。时间久了，你就会发现背诵英语课文的好处，并从此爱上背诵英语课文。

背诵英语课文的好处极多，坚持背诵，效果一定会让你大吃一惊。

英语课文的记忆难点在哪里

之所以大多数人都感觉背诵英语课文困难，其最大的原因就是在背诵英语课文的过程中，存在着这样几个记忆难点。下面，就让我们来了解下，英语课文的记忆难点都有哪些，我们在背诵的时候该如何攻克。

难点一：因为不懂文意，所以死记硬背

很多人在背诵英语课文的时候，实际上根本不明白文章的意思，只是将文章中的每一个英语单词进行强行的串联，死记硬背。这样背不仅会使记忆的效果很差，而且在记忆的过程中还会让我们越来越烦躁，最终放弃记忆。

所以说，在我们记忆英语课文时，首先要做的就是理解文章意思，将文章中每一个单词的解释都弄清楚。从而提高背诵的效率，切记在未完全弄懂文章意思的时候去死记硬背。

难点二：单词不会读或者读不准是背诵英语课文的一大障碍

在我们背诵英语课文的时候，往往一些读不准音或者根本就不会读的单词是我们背诵过程中的一大障碍。同时，因为单词不会读，还极容易影响我们背诵时的心情，甚至最终导致放弃背诵。

那么，要如何克服这种背诵障碍呢？我们可以这样做，在背诵英语课文之前，首先通过听课文原音的方法来帮助自己在课文中找出一些读不准或者不会读的单词，纠正发音。同时，在听的过程中，还要注意课文中每个句子的语调、不完全爆破、重弱读等语音现象，增强诵读时的节奏，提高背诵的效率。

难点三：背诵时不知抓住关键词语，导致背诵毫无逻辑顺序

很多人在背诵英语课文的时候，都习惯逐字逐句地去背诵，抓不住关键词，从而导致在背诵的过程中，将一个句子弄得支离破碎，严重影响了背诵的效果。

要知道，无论是中文文章还是英文文章，它们都是由句子构成的，而每个句子又都是由一个又一个或长或短的短语构成的，不同的短语构成不同的句群，我们在背诵英文文章之前，应该按照完整的句群进行停顿，这样做的目的是为了保证每个句子的形式及意思都是完整连贯的。同时，这样做也有助于我们的记忆，使我们的记忆连贯，有逻辑性。从而提高我们的记忆效率。

难点四：文章中个别语句过长，或结构过于复杂，难于理解

在一些英语课文中，可能会含有个别语句过长，或结构过于复杂，不易理解的句子。这样的句子加大了我们的记忆难度，那么，针对这样的难点，我们应该如何攻克呢？

首先，我们要分析句子的结构类型，看这个句子是简单句还是某种复合句。同时，还要注意句与句之间的联系，这样做的目的是为了迅速理解句子的意思，加快我们的记忆。

通过对复杂句子仔细地"剖析"之后，我们在记忆的时候，就会容易很多，从而提高了背诵全篇文章的效率。

难点五：不懂将记忆"化整为零"，无形中加大了背诵压力

很多人在背诵英语课文的时候，喜欢"通篇"地去背诵，从而在无

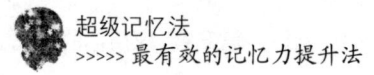
形之中加大了记忆的压力。

其实，当我们在背诵英语课文的时候，应该学会"化整为零"、"化难为易"，就是将一篇文章划分成若于"段落"的形式进行逐层地背诵。将全文背诵完之后，再查找一些背诵不太熟练的地方，从而进行强化背诵，最终达到通背全文的目的。

将文章"化整为零"在不知不觉间减轻了我们的记忆压力，方便了我们的记忆，提高了记忆的效率。

可以说，背诵是我们形成语言能力的一个关键，只有学会了背诵，才能算是真正掌握了一门语言，并将这门语言达到脱口而出的境界。同时，背诵还可以在无形中教会我们每个单词的用法，不知不觉间就掌握了单词的意思及用法。

如果我们在背诵英语课文的时候，可以克服以上几个难点，那么，背诵英语课文就不再困难，而学习英语也变得更加轻松、简单。

▶ 帮助你记忆英文的背诵原则

背诵英语课文是学习英语最好的方法之一，而对于大多数人而言，背诵英语课文并不是一件容易的事情。但是，如果你能在背诵英语课文的时候遵循以下几项原则，那么，英语课文的背诵，可能就不再那么困难。

原则一：先理解，后背诵

前面我们已经介绍过，背诵英语课文首要的一个大前提就是要对所背文章有一个充分的理解，而这，也是背诵英语课文的一个必要原则。

当我们在背诵一篇英语课文的时候，生吞活剥式的死记硬背是没有效果的，所以我们在背诵之前首先要弄懂文章的中心内容。比如说，记叙文要弄清楚记叙的事情、人物、时间及地点等；说明文要弄清楚文中主要解说的对象和不同方面的性质；议论文要弄清楚所讨论的问题及文章中的主要论点、论据、论证关系。

清楚了这些之后，再以文章的主要内容为线索进行记忆，弄懂文章上、下句之间的内容及逻辑关系。最后再弄清语言的起承转合。这样一来，我们背诵英语课文的时候就轻松了很多。

原则二：文章要挑典型的背

虽然说，大量地背诵英语文章可以提高我们的语感及口语水平，但是，我们所背诵的文章也不能太过盲目，什么都背。

因为文章一旦背诵下来，就会记住很长时间，甚至永远都不会忘记，会对我们今后学习英语产生深远的影响。所以说，我们在背诵文章的时候，要有选择性，选择一些比较典型的文章，以完全正确和有代表性的文章作为我们学习一门语言的永久性资料。

原则三：先听后背效果佳

当我们在准备背诵一篇英语课文的时候，最好要先听后背。我们知道，在学习一门语言的时候，模仿是关键，所以我们在背诵英语课文之前，可以先听一些原装正版的录音，然后模仿录音的发音方式，反复地听，直到能够模仿的很像为止。虽然这个过程有些枯燥，但是对于我们背诵英语课文的效果是非常好的。所以说，先听后背，效果佳。

原则四：背诵不能求急，要循序渐进

背诵英语课文的时候千万不能求急，要循序渐进地进行背诵。这是因为，背诵本身就是一件比较艰苦的事情，特别是在刚开始的时候，初次接触的人难免会产生一些抵触心理，所以在开始的时候，哪怕只背诵几句话也是可以的，目的是为了建立信心和兴趣，切勿贪多。想一口就吃成胖子的想法是错误且极端的。

所以说，养成背诵英语课文这个习惯是一个漫长的过程，急不得。当我们逐渐熟悉了背诵英语课文的套路，找到了适合自己的记忆方法，背诵英语课文就会变得越来越简单、容易。

原则五：早晨是背诵的黄金时段

我们知道，一天之计在于晨，而早晨也正是记忆的黄金时段，所以

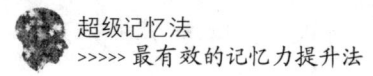
说，我们要充分地利用好早晨的时光来帮助我们背诵。

我们可以每天早起 30 到 40 分钟的时间，然后大声地朗读课文（在不打扰邻居和家人休息的情况下），这样一来，不仅对我们的英文背诵有很大的好处，而且还会对我们一整天的精神状态都有所提高。

原则六：注意重点单词、短语、句型要重点记忆

在背诵英语课文的时候，针对一些重点的单词、短语、句型要进行重点记忆。因为，我们背诵英语课文的目的就是为了学习好英语，所以在背诵的时候要认真地学习掌握课文中的重点单词，不仅注意它的发音和拼写，还要注意它的前后搭配。全面了解重点语法现象，注意各种实际使用中的变化以及具体含义。

原则七：多多重复，注意复习频率

因为我们的记忆是存在遗忘的，所以说，背诵过的英语课文也并不是永远都能储存在我们的脑海中。那么，这时就要求我们多多的重复，注意及时地去复习。

科学研究证明，当我们在记忆一件事物的时候，往往要重复 28 遍才能将这个事物牢固地记住。记忆英语课文也是一样，只有多多地重复，及时地复习，才能使记忆变得长久。重复就是力量，重复能创造奇迹，重复是记忆的必要手段。

原则八：对于同一篇课文，在背诵的时候要尽量以不同的语调，在不同的环境和条件下进行重复

当我们背诵一篇英语课文的时候，最好以不同的语调，在不同的环境和条件下进行重复。比如说，背诵一篇记叙文，我们既可以以朗诵的语调去高声朗读，也可以以讲故事的方式去温柔叙述这篇文章。这样做不仅可以增强我们的记忆，还可以使我们所背的课文活起来。将这门语言变成我们的一种召之即来的如意工具。

▶ 英语课文背诵的有效方法与技巧

背诵英语课文也是讲求记忆方法的，但并不是所有的记忆方法都适

用于记忆英语课文。那么，常用的英语课文背诵方法都有什么呢？下面，让我们来了解下。

1. 模仿录音记忆法

在背诵英语课文的时候，模仿录音可以帮助我们有效地记忆。那么，要如何模仿录音呢？首先，我们可以通过反复地跟读，模仿录音的语音语调，直到对自己的模仿效果感到满意为止。然后我们可以将自己模仿录音的朗读录下来，再回放听自己的朗读效果，寻找与原版录音有那些不一样的地方，再进行重点模仿。

模仿完成之后，我们可以开始尝试背诵，并将背诵内容录音，回放检查背诵内容，找到背错的地方进行重点记忆，直到自己满意。

模仿录音记忆的效果真的好吗？其实，当我们在不断模仿的过程中，会十分注意语调、语音、语速、重弱读、连读、失去爆破等朗读技巧，而这个时候，我们的注意力往往是高度集中的，从而记忆效果也会大大提高，所以说，当我们模仿几遍录音之后，可能就已经会背诵了。而这也就是模仿记忆法的"简捷"之处。

不过，当我们在运用模仿录音记忆的方法时，需要注意几个小细节，从而帮助我们更好地记忆。第一，当我们在模仿录音的时候，朗读一定要清晰，且注意朗读的语速；第二，即使是模仿录音，也不要急于求成，要先易后难，先少后多，循序渐进。特别是在开始阶段，我们所模仿的内容最好不要过多、过难，不然容易造成畏难情绪，影响我们后面的背诵效果。

2. 点、线、面背诵法

所谓点、线、面记忆法，就是将所要背诵的文章看作是一个面，那么文章中的每个段落就是它的线，而组成段落的词语、句子就是它的点。而我们在背诵的时候从点到线，再从线到面，抓住文章的脉络，找出帮助记忆的关键词句，然后根据这些词句的先后顺序排列起来，点连成线，线连成面，展开记忆，背诵全文，

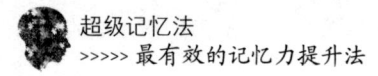
换种方式来说，点、线、面记忆法就是在掌握单词和短语的基础上去记忆句子，然后又在句子的基础上去记忆段落，最后在段落的基础上去记忆文章，最后将全文熟练背诵。

3. 问题法

问题法就是在背诵英语课文的时候，可以预先为自己提出一些问题，然后按照这些问题的思路去进行记忆。

4. 回忆背诵法

回忆背诵法就是让你在不知不觉间就完成了对一篇英文课文的记忆。什么意思呢？就是通过不断回忆的方式，让大脑对课文加深印象，从而轻松记忆。

当我们在背诵的过程中，如果只是单纯地不停地去朗读，其实是很难记住课文的，但如果我们在一个句子朗读几遍之后，再试着回忆刚刚朗读过的句子，那记忆就变得容易多了。对段落和篇章的记忆也是一样，要不断地通过回忆去对记忆内容加深印象。

对于整篇课文来说，由于篇幅较长，所以我们可以借助图片、关键词、提纲或者译文来帮助我们回忆。同时，如果借助译文来帮助背诵的话，还有助于英汉两种语言的对比。

综上所述，应用回忆背诵法来帮助我们背诵英语课文时，往往在不知不觉间就完成了记忆，提高了英语能力。

5. 默写法

当你准备背诵一篇英语课文的时候，你可以选用以默写的方式来帮助你记忆。

采用默写法背诵英语课文时，在我们默写的过程中，往往也是一个对课文回忆的过程，而且默写的时候往往有更多的时间去回忆课文中的每一句话。同时，在默写课文的时候，还是我们对文章中单词进一步熟悉的过程。所以，当我们打算背诵一篇英语课文的时候，完全可以利用默写的方式来帮忙，从而将文章记忆得更加牢固。

6. 填空法

填空法也是背诵英语课文的一种方法。那么，什么叫填空法呢？就是将英语课文中的一些比较不好记忆的单词、短语或句子覆盖住，然后根据文章整体的内容去回忆被覆盖中的内容，从而加深对课文的记忆。

在采用填空法背诵英语课文的时候，我们也可以用铅笔先将所背课文正确地默写一遍，然后将部分词句用橡皮擦掉，最后再根据文章整体内容进行"填空"，帮助记忆。

7. 表演背诵法

如果你感觉背诵英语课文太过无聊枯燥，那么，就可以采用表演背诵法来帮助记忆。

表演背诵法就是将英语课文改成剧本的形式，然后通过表演的形式来表达文章的主题。同时，如果"剧情需要"，还可以在读通、读熟、读懂课文的基础上对文章进行改写，但在改写的过程中一定要注意保持课文原意，不能偏离文章中心。在表演的过程中，完全可以过分地夸张、搞笑，目的是加强我们的记忆力。

表演背诵法是将自己完全融入到课文中，声情并茂，从而增强我们的记忆力。

以上是 7 种背诵英语课文的方法与技巧，但是，背诵的方法多种多样，无论是什么样的方法，只有最适合自己的背诵方法，才可以被称之为最有效的记忆方法。同时，背诵英语课文并不是一次短期的训练，要持之以恒，才能取得显著的学习效果。

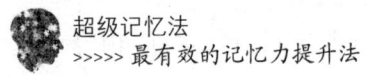
第九节　将生物知识学活——生物的记忆

如何做到生物记忆不再难

很多人认为生物知识复杂而难记，这是因为他们没能掌握学习生物的最有效方法。下面，就让我们来学习下，如何做到生物记忆不再难。

1. 记忆不要太单调，五官并用记得牢

五官并用去记忆其实就是多通道记忆法。我们知道，记忆实质上就是感知过的事物在人脑中留下的痕迹，而多种感官感知则比单靠某一感官感知留下的痕迹要多、要深。所以说，当我们学习生物知识的时候，不要只是单纯地去读一读，或者单纯地写一写，或者单纯地看一看。要多种感官并用，在记忆过程中尽可能地调动多种感官去协调记忆，做到眼看、耳听、口读、手写、脑记。其中，脑记最为重要，且在记忆的过程中切莫心不在焉，一定要注意力集中，将记忆的效果发挥到最佳。

2. 化整为零

学习知识是个漫长的过程，而在这个过程中，谁也没办法在很短的时间内就将全部的知识都记忆到脑海中，学习生物知识也是一样。所以，这就要求我们在记忆知识的时候化整为零、化繁为简。

比如说，我们可以将一本书看作是一个整体，那么，这个整体的每一个章节就可以被看作是一个个的小个体。整体是由若干个不可分割的个体构成，所以要掌握一个整体，首先就要从个体入手，化整为零，逐次攻破，循序渐进。

运用化整为零的记忆方法，可以使复杂、繁琐的知识简单化，强化我们的记忆。

3. 按"层"记忆

当我们在记忆生物知识的时候，可以按"层"去记忆。什么是"按层"呢？让我们从学习生物知识的步骤开始了解。

我们知道，当我们在学习生物知识的时候，都是层层深入、层层递进的，所以说，当我们在记忆生物知识的时候，如果感觉大量的生物知识让我们一时吃不消，那么，我们在记忆的时候就完全可以"按层"去记忆，使记忆由浅到深，从简单到复杂。这样一来，不仅可以增强我们的记忆效果，同时还可以深刻地理解、把握知识，从而达到最好的记忆效果。

4. 比较记忆

比较记忆就是将所有的知识进行总结、分类，然后找出各类知识的相同点、不同点，总结区别与联系。从而方便记忆。

5. 学会按照结构去记忆

这种记忆方法主要是供复习时所用。每当我们学习完一本书或者一节课的时候总要对所学的知识进行复习与巩固，那么，这时我们就必须了解所复习内容的结构体系。如何去做呢？

首先，我们可以找出贯穿于知识的主干部分，然后再根据知识间内在的逻辑关系将分支内容串联在主干上，抓住主干顺序记忆分支内容，把每一分支中更细小的内容填充进去，这样，每个知识点就都清晰地呈现出来了，方便记忆，同时，还可以有效地避免将知识弄混淆。

以上所述的几种方法，只是帮助我们学习、记忆生物知识的几种小技巧。其实记忆知识的方法有很多种，最重要的就是要找到最适合自己的方法，最适合某类知识的记忆方法。掌握了正确的学习、记忆方法，可以提高我们学习知识的兴趣，将繁杂的知识变得简单明了，提高学习效率，达到事半功倍的效果。

▶ 将知识浓缩，让记忆简化

如何才能牢固地记住生物知识？首先我们应该学会的就是，将知识

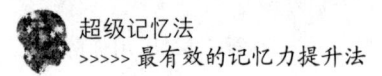
浓缩，让我们的记忆简化、无负担。那么，要怎样将知识浓缩，做到让我们的记忆简化、无负担呢？就是要对所学过的知识进行详细的分析，从中找出要点，将知识简化成有规律的几个字来帮助我们记忆。下面，让我们通过几个生物知识的记忆实例，来了解下。

1. 心脏的结构特点

通过对生物学知识的学习，我们知道，心脏的内部结构比较复杂，且难记。鸟类或哺乳类动物的心脏可分为四个腔：左心室、右心室、左心房、右心房。且左心房和右心房之间、左心室和右心室之间是互不相通的。左心壁比较厚，右心壁稍薄，同侧的心房与心室之间有瓣膜，是上下相通的。左心房与左心室之间的瓣膜叫二尖瓣，右心房与右心室之间的瓣膜称三尖瓣。心房接受全身静脉及肺静脉的血液，然后通过瓣膜挤入心室，心室则是靠其强大的收缩力将血液泵入外周主动脉及肺动脉。瓣膜的单向开放，保证血液朝单一方向流动。所以只有心房的血流向心室，而心室的血液不能倒流入心房。

针对这样一大段的知识点，我们可以将其这样简化：房在上，室在下；房连静，室连动；上下相通，左右不通。

将一段繁杂的知识点浓缩成了 18 个字，且简单易懂，结构对称。从而方便了我们的记忆。

2. 生物的五大特征

生物的五大特征是什么呢？第一，需要营养；第二，能进行呼吸；第三，能排除体内所产生的废物；第四，能对外界的刺激做出反应；第五，能生长和繁殖。

记忆这个知识点的时候，我们可以在这个知识点中提取出这样几个字作为我们的记忆提示：一个"需要"，四个"能"。

当我们在记忆这个知识点的时候，只要想到它是由一个"需要"和四个"能"组成的之后，就很容易将所有知识点都回忆起来。

通过以上两个实例，相信你已经掌握了要如何将知识简化的要诀。

不过，每个知识点应该如何简化，并没有硬性的规定，要依照个人的习惯。毕竟只有最适合自己的才是最有效的。

3. DNA 的分子结构

DNA 的分子结构是什么？即五种基本元素、四种基本单位，每种基本单位有三种基本物质，很多单位形成两条脱氧核酸链，成为一种规则的双螺旋结构。

记忆这个知识点的时候，我们可以将其"简化"成这样几个字：五四三二一。

将繁杂的概念简化成我们生活中最常见的汉字或者词语，才能最有效地帮助我们记忆。

4. 循环过程中血液成分的变化

循环过程中，血液成分的变化是这样的：心脏内是左侧流动脉血，右侧流静脉血；体循环中是，动脉中流动脉血，由于全身各处的毛细血管与组织细胞发生物质交换，动脉血转化成静脉血，所以导致静脉中流静脉血；肺循环中，动脉中流静脉血，由于肺部毛细血管与肺泡发生气体交换，所以静脉血变成动脉血，导致肺静脉中流动脉血。

在记忆这个生物反应的时候，我们可以将繁琐的知识点概括成这样：心脏中，左动右静；体循环，动中动，静中静；肺循环，动中静，静中动。

提取概念中最精华的部分，简化知识点，使记忆变得轻松。

5. 吸气与呼气时身体结构的变化

吸气时身体结构的变化是这样的：呼吸肌收缩，胸腔容积变大，肺容积变大，肺内气压减小；呼气时身体结构的变化是这样的：呼吸肌舒张，胸腔容积变小，肺容积变小，肺内气压增大。

在记忆这两个知识点的时候，我们可以对比着记忆，并将两次身体结构的变化简化为：吸气时"收缩大大小"，呼气时"舒张小小大"。

同时，因为两次身体结构的变化是完全相反的，所以我们在记忆的时候，只需要记住一个就可以了，再一次简化了我们的记忆，提高了我们的记忆效率。

6. 血浆成分

血浆的主要成分是水、蛋白质、葡萄糖、无机盐和少量的废物。

我们在记忆的时候，可以简化成：水、蛋、糖、盐。用几个生活中最常见的字来表述，方便记忆。

7. 显微镜的使用

显微镜是我们研究、学习生物中必不可少的一个仪器，那么，这个仪器的用法是怎样的呢？首先，目镜、物镜、反光镜和通光孔要在同一条直线上，这样排列的目的是为了便于光线通过标本。调焦的时候，先转动粗准焦螺旋钮，使镜筒慢慢下降，直到物镜接近玻片标本为止，然后用左眼向目镜内看，再反方向转动粗准焦螺旋钮，使镜筒缓缓上升，直到看清楚物像为止。最后略微转动细准焦螺旋钮，使看到的物像可以更加的清晰。当我们在观察的时候要用左眼注视着目镜内，右眼睁开，这样做的目的是为了便于画图。如果在观察的时候外界的光很强，那么就用小光圈和平面镜。如果外界的光线很弱的话，就要用大光圈和凹面镜。

对于这一段的记忆，我们可以这样简化总结：对光的时候要三镜一孔一直线，调焦的时候要先上再下。观察要左看右睁。若光强，用小平，如光弱，用大凹。

同时，在利用"浓缩知识"记忆的时候，脑海中再不断地回忆操作方法，才能使记忆更加深刻。

8. 花的结构

一朵花的完整结构包括：花梗、花托、花萼、花冠、雄蕊、雌蕊。

虽然只是简单的几个组成部分，但是我们却依旧容易将其记错、记混、记不住，为此，我们在记忆的时候可以将这几个部分简化综合成：梗托萼冠雄雌蕊。

读起来也比较顺口，自然就方便了记忆。

9. 显微镜制作临时玻片标本过程

利用显微镜做实验的时候，制作临时玻片标本的过程是首先擦净玻片，在上面滴上水滴，取出材料，展平（或涂匀）材料，盖盖玻片，染上颜色。

这个过程我们可以概括为：擦、滴、取、展、盖、染。

就这样，我们用简单的 6 个字就概括了这个临时玻片标本的制作过程，而且，这 6 个字也非常符合我们日常生活中读和记的节律，读起来富有一定的节奏感，方便记忆。

10. 细胞吸水、失水的原理

当两种液体相接触的时候，浓度大的液体会将浓度小的液体中的水分吸收过来，这就是细胞吸水、失水的原理。

我们在记忆这个概念的时候，可以这样概括：浓度谁大谁吸水。

经过这样的简单概括之后，在处理这类问题的时候就再也不会晕头转向了。

谐音帮你记住复杂专业名词

当我们学习生物知识的时候，总是会遇到各种各样复杂的专业名词，这些名词在我们日常生活中并不常见，放在一起的时候也非常容易弄混淆，这样一来，我们在记忆的时候往往就会很困难。这个时候，我们就完全可以借助谐音来加强我们的记忆。下面，让我们通过一些实例来学习下如何借助谐音帮助记忆。

1. 人体的八大系统

人体的八大系统包括：神经系统、生殖系统、泌尿系统、内分泌系统、呼吸系统、循环系统、运动系统、消化系统。

当我们在记忆这八大系统的时候，可以这样记忆：神（神经系统）圣（生殖系统）秘（泌尿系统）密（内分泌系统）喜（呼吸系统）欢

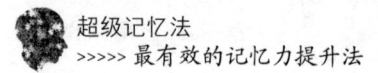

（循环系统）动（运动系统）画（消化系统）。

这样，我们通过谐音，使枯燥的专业名词变得生动而有趣，从而加深了记忆印象，使记忆不再单调无趣。

2. **脊柱的四个生理弯曲**

脊柱的四个生理弯曲是这样的，腰部和颈部是向前的，胸部和骶部是向后的。

我们在记忆这四个生理弯曲的时候，就可以通过谐音这样记忆：妖（腰部）精（颈部）向前，兄（胸）弟（骶）向后。同时，我们在记忆这句话的时候，还可以适当地配合一些联想，比如说，一群妖精正在向前冲你走来，而你的兄弟却非常没有义气地向后退。从而进一步地加深记忆印象。

3. **微量元素**

微量元素有：铁（Fe）、锰（Mn）、硼（B）、锌（Zn）、钼（Mo）、铜（Cu）。

在记忆这六个元素的时候，可以通过谐音这样记忆：微量的（微量元素）铁猛（锰）碰（硼）新（锌）木（钼）桶（铜），从而方便了记忆。

4. **大量元素**

大量元素有：氧（O）、磷（P）、碳（C）、氢（H）、氮（N）、硫（S）、钙（Ca）、镁（Mg）、钾（K）。

为方便记忆，我们可以这样谐音：大量的（大量元素）洋（氧）人（磷，用P代表People）弹（碳）琴（氢）盖（钙），但（氮）留（硫）美（镁）甲（钾）。当然，在记忆的时候，我们还可以加上适当的联想从而帮助记忆，当然要如何去联想，可以按照自己的习惯去发挥想象。

5. **八种必需氨基酸**

八种必需氨基酸是：甲硫氨酸、缬氨酸、赖氨酸、异亮氨酸、苯丙氨酸、亮氨酸、色氨酸、苏氨酸。

运用谐音法记忆：甲（甲硫氨酸）、携（缬氨酸）、来（赖氨酸）、一（异亮氨酸）、本（苯丙氨酸）、亮（亮氨酸）、色（色氨酸）、书（苏氨酸），方便而好记。

6. 植物矿质元素中的微量元素

植物矿质元素中的微量元素有：锰（Mn）、钼（Mo）、氯（Cl）、硼（B）、镍（Ni）、锌（Zn）、铁（Fe）、铜（Cu）。

记忆的时候我们可以这样谐音：猛（锰）母（钼）驴（氯）碰（硼）裂（镍）新（锌）铁桶（铜）。

运用谐音来帮助记忆之后，我们就轻松地将难记且容易混淆的元素都记忆到大脑里了。且记得快、记得牢。

7. 植物的无机盐缺乏症

植物的叶片在缺乏不同的无机盐时，其叶片会表现出不同的症状。比如说，缺氮的时候叶片会发黄，缺磷的时候叶背面紫色，缺钾的时候出现老叶，叶片枯萎。

我们在记忆这几种症状的时候，可以利用谐音，将几种症状总结成这样一句话：蛋（氮）黄磷紫假（钾）哭（枯），然后再配合适当的想象，就可将这个生物知识牢记在心里了。

我们在记忆生物知识的时候，运用谐音记忆法可以有效地帮助我们将那些生活中不常见的专业名词、易弄混的元素等，均统统牢记在我们的大脑中，且记得牢、记得快。如果想要使记忆更加深刻，还可以适当地配合联想法来帮助我们记忆。至于要如何谐音，怎样借助联想，完全依照个人的喜好，千万不要固定在某种思维定势下，跳出思维定势，相信你一定会找到更棒的记忆方式。

▶ 生物知识记忆口诀

口诀记忆法是一种非常有效的记忆方法，但却并不是适用于任何事物的记忆方法，因为编口诀往往也是一个比较耗费时间与精力的过程。

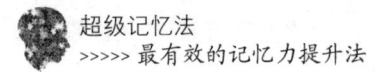
就拿记忆生物知识为例，其实生物知识并不算是一门很难学习的科目，但它之所以难记忆，是因为我们在日常生活中很少接触到一些生物的学术名词，所以这就为我们的记忆增添了难度。而在记忆生物知识的过程中，除了谐音法、联想法，编口诀也是一个非常有效的记忆途径。下面，就为大家介绍几段有关生物知识教学中比较常用的口诀，多读几遍，试着记忆，看看是不是记忆就容易多了呢？

1. 减数分裂口诀

性原细胞作准备，初母细胞先联会；排板以后同源分，从此染色不成对；次母似与有丝同，排板接着点裂匆；姐妹道别分极去，再次质缢各西东；染色一复胞二裂，数目减半同源别；精质平分卵相异，往后把题迎刃解。

2. 食物的消化与吸收

淀粉消化始口腔，唾液肠胰葡萄糖；蛋白消化从胃始，胃胰肠液变氨基；脂肪消化在小肠，胆汁乳化先帮忙；颗粒混进胰和肠，化成甘油脂肪酸；口腔食道不吸收，胃吸酒水是少量；小肠吸收六营养，水无维生进大肠。

3. 耳的构造

耳廓、耳道成外耳，收集声波向里传，鼓膜、小骨和鼓室，振动传递在中耳；半规、前庭和耳蜗，感受声波在内耳；神经传导声刺激，声音产生在大脑。

4. 眼球的构造

前角后巩为外膜，透过光线护眼球；前虹后脉为中膜，调节光线供营养；视网膜在最里面，感受光线成物像；房水、晶状和玻璃，折射光线真神奇；神经传导光刺激，视觉产生在大脑。

5. 显微镜的操作

一取二放三安装，四转低倍，五对光；六上玻片，七下降，八升镜筒，细观赏；看完低倍转高倍，九退整理，后归箱。

6. 呼吸道

鼻咽喉，两气管，功能不要搞混乱；呼吸道，有支撑，确保气流能畅通；两气管，有纤毛，排菌化痰守卫牢，清洁湿润又加温，黏液还能抵细菌。

7. 动物个体发育

受精卵分动植极，胚胎发育四时期，卵裂囊胚原肠胚，组织器官分化期；外胚表皮附神感，内胚腺体呼消皮，中胚循环真脊骨，内脏外膜排生肌。

8. 光合作用

光合作用两反应，光暗交替同进行；光暗各分两步走，光为暗还供氢能；色素吸光两用途，解水释氧暗供氢；ＡＤＰ变ＡＴＰ，光变不稳化学能；光完成行暗反应，后还原来先固定；二氧化碳气孔入，Ｃ５结合Ｃ３生；Ｃ３多步被还原，需酶需能还需氢；还原产物有机物，能量贮存在其中；Ｃ５离出再反应，循环往复永不停。

通过对以上８段口诀的熟读，你是不是对这８个生物知识也有了一个清晰的记忆了呢？所以说，利用口诀来帮助记忆，既节省了大量的记忆时间，同时又提高了学习者对生物知识的兴趣，从而爱上生物。但是，编口诀并不是一件容易的事情，所以，我们在日常生活中，应该多留心，多搜集一些有关生物知识的口诀资料，从而帮助我们记忆。

借助诗歌、谚语，联系实际形象记忆生物知识

为了学好生物知识，将生物知识牢牢地记忆在大脑中，我们不断探索出各种有效的生物知识记忆法。除了以上介绍的几种记忆方法，我们在记忆生物知识的时候，还可以充分地借助诗歌、谚语或通过联系实际形象来记忆，下面，让我们了解下这两种记忆生物知识的方法。

1. 借助诗歌、谚语帮助记忆

生活中，我们常常会接触到一些琅琅上口的诗歌或者有趣的谚语，

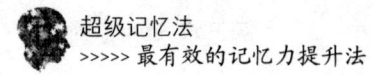

而这些诗歌或者谚语中往往又蕴含着各种各样的知识。那么，针对一些含有生物知识的诗歌或谚语，我们就可以通过它们来帮助我们记忆。

举例来说，"种瓜得瓜，种豆得豆"这句简单的谚语就说明了生物的遗传性；再有，"龙生九子各有不同"，这句就说明了生物的变异性，即基因重组；"飞蛾扑火"，说明了生物的应激性、趋光性；"一山不容二虎"，说明生物的种间斗争；诗句"人间四月芳菲尽，山寺桃花始盛开。""橘生淮南则为橘，生于淮北则为枳。"就充分说明了温度对生物的影响；"星星之火可以燎原"说明了草原生态系统的易破坏，而"野火烧不尽，春风吹又生"则又说明了草原生态系统的易恢复。

以上是几个比较常见的谚语与诗句，而与生物知识有关的诗歌、谚语还有很多，所以生活中，我们要多多发现，多多积累，多多学习，从而方便我们对生物知识的记忆与学习。

2. 联系实际的形象记忆

为了帮助我们对生物知识的记忆，我们还可以通过与实际相连接的方式来方便记忆。

举例来说，我们知道，生活中，我们在管理农作物的时候要进行松土，目的是为了促肥。而这就说明了一种生物知识：植物的根部吸收矿质元素离子必需要氧气促进根的有氧呼吸。

再比如，"U"是尿嘧啶，如何记忆？"U"形似尿桶；"C"是胞嘧啶，如何记忆？"C"像半圆包过来；"T"像是一个十字架，所以是胸腺嘧啶；"A"像线飘起来，所以是腺嘌呤。

其实记忆生物知识的方法还有很多种，比如多做实验帮助记忆，借助网格帮助记忆等。

第十节　化学知识的掌握——化学的记忆

▶ 要想学好化学，首先做好这几步

化学是一门自然学科，是在分子、原子层次上研究物质性质、组成、结构与变化规律的科学。所以说，要想学好化学，除了要对这门学科有一个感性的认识外，同时还要对这门学科有一个理性的记忆。可当我们在对化学知识不断认识和记忆的过程中，"知识的遗忘"往往是我们学不好化学的一个主要因素，所以说，要想学好化学，将化学知识快速、准确、牢固地记忆在我们的大脑里，我们首先应该做好这几步：

1. 坚定信念，排除干扰，锻炼记忆，减少遗忘

无论是记忆化学知识还是记忆任何事物，我们最先需要做的就是坚定我们的信心——告诉自己，我一定可以将这些东西背下来。

心理学家认为：记忆的关键就在于，你是否有能记住这个事物的自信心。我们知道，记忆力是一种因人而异的能力，能力强弱固然与先天秉赋有着很大的关联，但更重要的是后天的环境影响与个人的努力程度。这就像是人类的肌肉，越是锻炼，越是发达。

高尔基曾说过："人的天赋就像火花，它既可能熄灭，也可能燃烧起来。"这也正如我们的记忆力，无论你先天的条件有多么优越，如果你后天不付诸努力，最终也是无济于事的。

我们的记忆效果与心理的状态有着密切的联系。有这样一种情况，一些人平时总是精神饱满，可每当要记忆一些东西的时候，就开始头痛、难受。这些症状其实并不是因某些疾病引起的，而是这些人对自己记忆力缺乏信心的一种心理反应。

再举一个简单的例子，如果一个人认定自己的记忆力很差，记东西

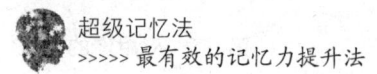

的时候总是记不住，那么这个人的记忆力就一定会越来越差；相反，如果一个人认定自己的记忆能力很强，在记忆某些事物的时候一定会将其快速、牢固地记忆在大脑里，那么这个人在记忆的时候就一定会感觉很轻松，且记住了也不容易遗忘。

所以说，当我们在记忆化学知识的时候，首先就要树立绝对的信心：坚定信念，排除干扰，锻炼记忆，减少遗忘，达到最佳的记忆效果。

2. 身心健康才能增进记忆

为什么说身心健康才能增进记忆？这是因为我们记忆机制的基础是神经系统，疲劳会减弱脑细胞的活动能力，使接受、理解、记忆的能力变得迟钝，只有健康的精神状态才能有效地提高我们的记忆能力。

所以说，无论我们是学习还是记忆化学知识，一定要合理地安排时间，注意劳逸结合，保持乐观镇静的情绪，切勿焦虑不安、悲观失望、忧郁惶惑。而这才是增强记忆的根本方法。

3. 理解融会才能提高记忆

当我们在记忆化学知识的时候要学会融会贯通，理解和揭示化学知识的本质联系，千万不要盲目地死记硬背。这就像是古语所讲的："学而不思则罔"，学习的时候要懂得思考，只有思考才能产生属于你的疑问，解决了疑问之后才能有所"悟"，而理解了之后再去记忆，就意味着增加了信息冗长量，就能触类旁通，历久不忘。

举个例子来说，什么叫作气体摩尔体积？就是在标准状况下，1摩尔气体所占的体积都约为22.4升。我们在理解这个概念的时候，一定要抓住这样几个重点，一是气体体积，二是标准状况下。充分理解了这两点之后再对这个知识点进行记忆，是不是记忆就方便了很多呢？

所以说，记忆化学知识一定要理解融会，千万不要死记硬背。

4. 注意力集中才能轻松记忆

在记忆化学知识的时候，你的注意力越集中，你的记忆就变得越容易。为什么呢？从心理学的角度上来说，当我们在学习或者记忆的时候，越是注意力集中，我们的大脑细胞兴奋点就越强烈，对事物的印象就越深刻，从而对事物的记忆就越容易。心理学家曾做过这样一个实验：将参与实验的实验者随机分成两组，分发给两组实验者同样的材料去进行记忆。第一组实验者是集中注意力地将这本材料看 2 遍，第二组实验者是并未集中注意力地将材料阅读 10 次。实验结果证明，认真看 2 遍材料的记忆效果要远好于并未集中注意力去阅读 10 遍材料的记忆效果。

所以说，当我们在学习或者记忆化学知识的时候，要有意识地培养自己的专注力，使自己的注意力集中。为此，我们还可以尝试运用一些有助于提高注意力的小方法。比如说，在预习新知识的时候，可以适当地提出一些问题，第二天听课的时候我们的注意力自然就集中起来。再或者，我们可以通过一些有趣的实验来帮助我们学习化学，提高我们的注意力，加深我们对知识的记忆印象。

5. 适当复习才能强化记忆

我们每学习完一个化学知识之后，都要对知识进行适当的复习，这样做的目的是要强化我们的记忆。

很多人都有这样一个坏习惯，就是当他在记忆某个化学知识的时候，往往当时能背下来就当作是彻底记住了，而只有等到考试之前才会再匆匆复习一遍，如果是刚开学时记忆的知识，等到学期末考试前你才去复习，这时你会发现，这个知识仿佛"从未相识"。为什么会这样？原因很简单，这是因为我们记忆过的东西长时间不去重复，我们的大脑就会出现遗忘，那么，这时我们就需要重新花费时间去记忆这个知识，而如果依旧长时间不复习的话，这个知识还是会出现遗忘的现象。

所以说，不断地重复和复习是"记忆之母"，是强化记忆的必须。根据德国心理学家艾宾浩斯提出的"遗忘曲线"我们可得知，遗忘的规律是先快后慢，所以当我们在学习化学的时候，针对那些已经记忆过的知识，我们可以适当地进行复习，按照自己的能力去分配复习的时间，从而加深记忆，使记忆更加牢固。

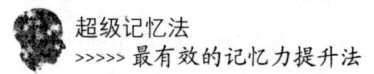
6. 不断运用才能巩固记忆

学习过的知识一定要不断地运用，毕竟"学以致用"才是我们学习知识、记忆知识的真正目的。苏霍姆林斯基曾说过："知识不应变成不能活动的货物，积累知识不能视为就是为了储备，而要进入周转，加以运用，才能巩固，才有效能。"同时，不断地运用知识，也是我们对知识巩固记忆的一个过程。

运用知识的过程就是将大脑通过感知、识记保持的信息经神经通道联系分析器运用，而每一次对知识的运用，就是我们对正确记忆的一次强化、对错误的记忆进行一次纠正、对遗忘的记忆进行识记，久而久之，这些记忆就成了我们终生不忘的宝贵财富。

所以说，无论是已经记住的知识，还是没有记牢的知识，都一定要经常地从大脑中提取出来进行运用，这样才能有效地巩固我们的记忆，使知识变成我们终生不忘的财富。

▶ 适用于记忆化学知识的记忆方法

记忆化学知识的时候，为了使我们记得更快、更牢、更准确，我们可以采用这样几种记忆方法来帮助我们记忆。

1. 谐音记忆法

谐音记忆法的应用范围非常广泛，且记忆效果也是非常的好。无论是对任何事物的记忆，我们都可以优先考虑运用谐音来帮助我们记忆，化学知识的记忆也是一样。

谐音记忆法就是通过谐音的方式，使记忆的材料具有双重的含义，这样一来，我们在识记材料的时候就成了成双结对地输入大脑，并分别与大脑中已有知识结构的不同层次相结合，等到回忆提取时，自然就多了一条渠道，而这也就是谐音记忆法可以使我们的记忆更加牢固的原因所在。

当我们运用谐音来帮助记忆化学知识的时候，可以将化学知识中一些比较零散、枯燥的材料内容跟日常生活中的谐音结合起来进行记忆，以形成新奇有趣的语句，这样一来，可以使我们记得又快又牢。

下面，让我们通过一些实例来了解下谐音记化学知识的方便之处。

（1）地壳中各元素百分含量的前三位

在地壳中，各元素百分含量的前三位是"氧、硅、铝"，这三个看似简单的化学元素，在记忆的时候却经常容易弄混，所以我们在记忆时就完全可以借助谐音的帮忙，"氧、硅、铝"，谐音为"羊跪绿"。再适当地配合一些画面的想象：地壳上，一只小羊正跪在绿油油的草地上，画面是不是很有趣生动？就这样，我们将这个知识点牢固地记忆在了大脑里。

（2）元素周期表的记忆

想要学好化学，记忆元素周期表是必须。那么，对于一些还没有将元素周期表牢记在大脑里的人，如何记忆元素周期表才最快、最牢呢？当然是借助谐音的帮忙。下面，让我们借用谐音，按照周期来记忆元素周期表。

第一周期：氢、氦，谐音为"轻嗨"。意味着化学周期表对你轻轻地说了一声"嗨"；

第二周期：锂、铍、硼、碳、氮、氧、氟、氖，谐音为"狸皮捧炭，蛋养弗奶"。含义是用狐狸皮捧煤炭，凡是从蛋里孵出来的都不吃奶；

第三周期：钠、镁、铝、硅、磷、硫、氯、氩，谐音为"拉美旅归，林柳绿啊"，意思是说，有一个人从拉丁美洲旅行回来了，在回来的路上看到路旁的柳树成林，颜色翠绿，非常的好看，于是他不由地感慨道："林柳绿啊！"

第四周期：钾、钙、钪、钛、钒、铬、锰、铁、钴、镍、铜、锌、镓、锗、砷、硒、溴、氪，谐音为"贾盖抗袋烦落猛；铁箍裂桶新家者，身洗臭壳"，这几个元素让我们分成两部分来进行解释，首先，第一部分"贾盖抗袋烦落猛"的意思是说，有一个人，名叫贾盖，这天，这个人身上扛着一个袋子，袋子特别的沉，扛起来很累人，贾盖扛了一会儿就有

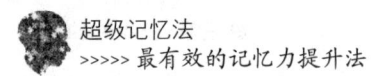

些烦躁，将袋子重重地往下一摔（落猛）；第二部分"铁箍裂桶新家者，身洗臭壳"的意思是说，铁箍的裂桶是新搬来的那家人的，因为搬家弄得浑身很脏，所以必须洗个澡，而洗澡的目的就是为了把身上的臭壳去掉。

（3）电解水实验两极所产生的气体

在电解水实验中，正级（阳级）所产生的气体是氧气，负极（阴级）所产生的气体是氢气。因为记忆的时候比较容易混淆，所以我们就可以这样来记忆：父亲养羊，即负极氢气，阳极氧气。

（4）金属活动性顺序

金属活动性顺序是：钾钙钠镁铝锌铁锡铅（氢）铜汞银铂金，我们可以将其谐音成"假（乞）丐拉美旅，心铁喜牵轻，统共一百斤"，从而方便了记忆。

（5）酸碱 pH 值

pH 值＜7 为酸性，pH 值＞7 为碱性，如何记忆呢？酸谐音"3"，"3"这个数字在数值上小于"7"我们都知道，所以说 3＜7，即酸＜7。就这样，我们便记住了酸碱 pH 值。

（6）液态氮与液态氧的沸点

液态氮的沸点是 -196℃，液态氧的沸点是 -183℃，我们在记忆的时候可以这样利用谐音：氧一把伞（183），氮依旧漏（196）。

通过以上几个实例的练习，你是不是已经充分感受到谐音法对记忆化学知识的益处呢？所以当你在记忆化学知识的时候，如果感觉到某些知识点比较枯燥难记，就完全可以运用谐音记忆法来帮助记忆，从而将知识记得又快又牢。

2. **概括记忆法**

在记忆化学知识的时候，还可以采用一种"概括记忆法"，这种记忆方法就是将所学过的知识加以系统的总结和高度的概括，让知识变成一个或者一组简单的"信息符号"，然后再将这些概括的内容全部记住。当我们在使用这些知识的时候，就会有助于联想它的具体细节。

这种记忆方法的特点是简化系统，将信息有效处理，大大减轻了我们的记忆负担，从而提高了我们的记忆效率，是记忆化学知识的一种比较有效的记忆方法。下面，就让我们通过具体的记忆练习来了解下这种记忆方法的便捷之处。

如，实验室制取氧气，并用排水法收集氧气的步骤我们可以这样概括：一检二装三固定，四满五热六收集，七移导管八熄灯；根据化合价写化学式的步骤我们可以这样概括：一排顺序二标价，第三约简再交叉；书写化学式的步骤可以概括为：一写二配三注；鉴别物质的过程可概括为：一取样，二配液，三操作，四现象，五结论；过滤操作中的注意点可概括为：一贴、二低、三靠；化学方程式的计算步骤可概括为：设、方、关、比、算、答。

以上实例是把识记材料按原顺序概括，记忆的时候突出顺序性，概括起来顺口，方便了我们的记忆，而当我们在回忆的时候，再往里面添上具体内容就可以了。

接下来，再让我们根据几个实例来了解下如何用数字来概括识记材料，即数字概括。

举例来说，化学药品的取用要遵守"三不"原则、酒精灯的使用应做到"两个绝对"、工业生产中污染水的因素主要是"三废"；

再比如，催化剂概念要点是"一变两不变"、过滤应注意事项为"一贴二低三靠"等。

概括记忆法最大的优点就是简化了我们的记忆，从而提高了我们的记忆效率。但在运用概括记忆法的时候，千万不要盲目地对知识进行概括，要找到记忆的重点，这样才能真正方便我们的记忆。

3. 联想记忆法

我们知道，联想记忆法对我们的记忆效果是有着很明显的帮助的，那么，在记忆化学知识的时候，我们要如何恰到好处地运用联想记忆法

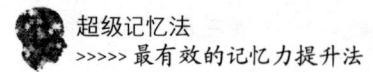

呢？就是将一些化学实验或概念用联想的方法进行记忆。比如，氢氧化钠的用途主要是用于肥皂、石油、造纸、纺织、印染等工业生产上，运用联想法，我们就可以这样记忆：纸（织）上染了肥油。

4. 会意记忆法

什么是会意记忆法，就是当我们在记忆一些比较抽象的概念的时候，可以按照我们个人的理解，对这些概念进行加工处理，从而将一个复杂难记的概念变成一个方便自己理解与记忆的事物。举个例子，氢气或一氧化碳还原氧化铜的实验操作步骤是：在实验开始的时候先通气再加热，当实验结束的时候要先停止加热然后再停止通气。虽然语句不长，但是我们在记忆这个知识点的时候，却并不是很容易理解，那么，这时我们就可以用会意记忆法来帮忙记忆，将这个概念变成方便我们自己理解的话语：气体早出晚归，酒精灯迟到早退。

再比如，四种基本化学反应类型分别是：分解反应、化合反应、置换反应、复分解反应。在记忆这四种反应的时候，我们可以采用会意记忆法来帮助我们记忆："一分为二"（分解反应）、"合二为一"（化合反应）、"取而代之"（置换反应）、"相互交换"（复分解反应）。

又如，盐酸的性质和用途我们可以这样记忆：盐酸性质乌龟壳，一头一尾四只脚，前爪金属、氧化物，后爪盐、碱一起捉。头衔酸碱指示剂，尾巴除锈又制药。

通过以上3个实例我们可以清楚地明白，会意记忆法的记忆简便之处就在于，它将平时不常接触的化学名词，用我们生活中最常用的语言来表达，从而加深了我们对知识的印象，提高了我们的记忆效率。所以说，当我们在记忆一些很复杂的化学名词时，完全可以考虑用会意记忆法来帮助我们记忆。

5. 猜谜记忆法

猜谜记忆法与口诀记忆法比较相似，但与口诀记忆法不同的是，猜谜记忆法是将一些化学知识编成富有知识性、趣味性、生动形象幽默的谜语进行记忆。举例来说，一氧化碳性质，我们就可以这样记忆：左侧月儿弯，右侧月儿圆，弯月能取暖，圆月能助燃，有毒无色味，还原又可燃。

将知识点编成谜语来帮助记忆，使记忆轻松。不过，因为谜语并不是很好编，所以在运用这种记忆方法的时候，要适当，不要强求。

6. 形象比喻记忆法

针对于一些不太好理解的概念，我们在记忆的时候可以运用形象比喻记忆法。什么叫形象比喻记忆法呢？就是借助于形象生动的比喻，把那些难记的概念形象化，用直观形象去记忆。

举例来说明下，核外电子排布规律的记忆，我们可以这样记忆：能量低的电子通常在离核较近的地方出现的机会多，能量高的电子通常在离核较远的地方出现的机会多。就这样，我们通过一个生动的比喻，将这个不易于理解的知识点牢记在大脑里了。

形象比喻记忆法比较适合去记忆一些比较抽象，不易于理解的化学知识，我们将这些化学知识进行加工处理，使其变得形象生动易于理解，从而方便了我们的记忆。

7. 口诀记忆法

利用口诀记忆法来帮助我们记忆化学知识，富于魅力、感染力，易上口，易记诵，既方便又有效，但是，编口诀并不是一件容易的事情，下面，让我们来了解一些比较常见的化学知识口诀。

(1) 碱盐类溶解性表现规律口诀

溶碱钾钠钡钙铵，其余属碱都沉淀；钾钠铵盐硝酸盐，都能溶于水中间；盐酸盐不溶银亚汞，硫酸盐不溶钡和铅；碳酸盐很简单，能溶只有钾钠铵。

(2) 常见元素主要化合价口诀

氟氯溴碘负一价，正一氢银与钾钠；氧的负二先记清，正二镁钙钡和锌；正三是铝正四硅，下面再把变价归；全部金属是正价，一二铜来

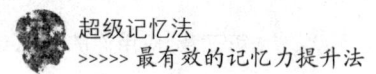

二三铁；锰正二四与六七，碳的二四要牢记；非金属负主正不齐，氯的负一正一五七；氮磷负三与正五，不同磷三氮二四；硫有负二正四六，边记边用就会熟。

（3）电解水口诀

正氧体小能助燃，负氢体大能燃烧。

（4）硫酸的工业制法概括口诀

三阶段、三方程、三设备、三净化、三原理。

（5）盐类水解规律口诀

无"弱"不水解，谁"弱"谁水解；愈"弱"愈水解，都"弱"双水解；谁"强"显谁性，双"弱"由 K 定。

（6）氨氧化法制硝酸口诀

加热催化氨氧化，一氨化氮水加热；一氧化氮再氧化，二氧化氮呈棕色；二氧化氮溶于水，要制硝酸就出来。

（7）记忆元素符号口诀

C 碳 O 氧 H 氢，N 氮 K 钾 P 是磷；MgAg 镁和银，Hg 是汞叫水银；Sn Zn 锡和锌，CuAu 铜和金。

（8）集气口诀

与水作用排气法，根据密度定上下；不溶微溶排水法，所得气体纯度大。

（9）制氧气口诀

二氧化锰氯酸钾，混和均匀把热加；制氧装置有特点，底高口低略倾斜。

通过以上 9 个化学知识口诀，你是不是已经感受到用口诀帮助记忆化学的魅力之处了呢？在学习化学的过程中，无论是元素符号还是化合价、溶解性表等，都可以利用口诀来帮助我们记忆。不过，利用口诀法帮助记忆化学知识虽然效果甚好，但对于一些并不难记忆的化学知识来说，我们就无须将其编成口诀。同时，口诀最好由自己编写，因为这样可以对知识的印象更加深刻，同时，在编口诀的过程中，也是一个对知识认知理解的过程。从而加深记忆，巩固学习。

化学方程式要如何记

我们知道，在我们学习化学知识的过程中，化学方程式是学习这门知识最重要的工具。如果很好地掌握了化学方程式，那么，我们就能简明、准确地描述各种物质的化学变化，定量地研究化学。但是，想要将数量繁多的化学方程式都统统牢记在脑中，却并不是一件容易的事情。那么，要如何准确、牢固地将这些化学方程式记忆在脑中呢？下面，让我们来学习一些关于记忆化学方程式的记忆方法。

1. 利用实验联想帮助记忆

当我们在记忆化学方程式的时候，完全可以通过对实验的回忆或者联想来帮助我们记忆，我们知道，化学方程式就是对一次化学实验的本质描述，是对化学实验的概括和总结，是将生动直观的现象转化成了抽象的思维。所以说，当我们在记忆化学方程式的时候，完全可以通过对实验的回忆或者联想来帮助记忆，同时，这种记忆化学方程式的方法也是最有效的。

举个例子，在加热和使用催化剂 MnO_2 的条件下，利用 $KClO_3$ 分解来制取氧气。当我们在记忆这个方程式的时候，就完全可以通过联想实验的情景，联想白色晶体与黑色粉末混合加热生成了氧气的这个实验现象。在联想、回忆的过程中，也是我们对化学实验再次熟悉的过程。从而对这个知识点加深了一次印象，巩固了记忆。

2. 根据化学规律来帮助记忆

我们知道，化学反应都是有规律的，比如说化合、分解、置换和复分解等反应规律都是我们比较熟悉的。所以说，当我们在记忆化学方程式的时候，就完全可以根据这些反应规律来帮助我们记忆。

比如说，记忆方程式 $2FeCl_3 + Cu = CuCl_2 + 2FeCl_2$，如何记忆呢？我

们知道，$FeCl_3$ 是较强的氧化剂，Cu 是不算太弱的还原剂，根据氧化还原反应总是首先发生在较强的氧化剂和较强的还原剂之间这一原则，我们可以轻松地将这个方程式写出来，同时，因为 $CuCl_2$ 与 $FeCl_2$ 是较弱的氧化剂与还原剂，所以二者之间不能发生反应，所以这个反应不可逆。就这样，我们根据化学反应规律将这个方程式轻松记在了大脑中，且不会遗忘。

3. 索引法记得广

所谓的索引法就是从整体上将所学习过的化学方程式按照一定的规律或者章节、或者反应特点进行分类、编号，然后将编号填写在特定的卡片上。这样一来，我们就为自己组成了一个方程式系统，利用一些零碎的时间来温习下这些卡片。这样一来，我们对化学方程式的记忆就能在大脑皮层中形成深刻的印象，使我们的记忆准确、持久。

4. 编组法记得多

编组法就是对化学方程式进行分类、编组。索引法是概括全体，而编组法则是着重突出某一局部。是一种主题鲜明、有针对性的表现形式。根据编组法，我们可以集中来记忆某一类的化学方程式，如：与铅元素有关的方程式、需要加热的反应方程式等。根据自己的习惯分类，对化学方程式进行编组，从而方便记忆。

5. 口诀法记得快

记忆化学方程式的时候，我们也可以借助口诀法来帮助我们记忆。下面，让我们来了解一些与化学方程式有关的口诀。

（1）$Al_2O_3 + 2NaOH = 2NaAlO_2 + H_2O$，二碱（生）一水、偏铝酸钠；

（2）$3Cu + 8HNO_3$（稀）$= 3Cu(NO_3)_2 + 4H_2O + 2NO\uparrow$，三铜八酸、稀，一氧化氮；

其实编口诀的方法也有很多种，我们完全可以根据自己的习惯去对化学方程式进行编口诀，从而使复杂的化学方程式变得读起来顺口，记起来轻松，方便我们对化学知识的学习。

6. 对比法帮助记忆

记忆化学方程式的时候，我们也可以采用对比的方法来进行记忆，比如说，找到两个反应的相同或者不同之处，从而帮助记忆。这种记忆方法可以防止我们对一些有着相似反应的化学方程式记忆混淆。

举例来说，在记忆 $3Cu+8HNO_3$（稀）$=3Cu(NO_3)_2+4H_2O+2NO\uparrow$ 和 $Cu+4HNO_3$（浓）$=Cu(NO_3)_2+2H_2O+2NO_2\uparrow$ 这两个化学方程式的时候，我们就可以通过对比的方式来进行记忆。且记得快、记得牢。

以上 6 种方法是针对于化学方程式的记忆方法，当然，关于化学方程式的记忆方法，肯定不止这 6 种，比如说还可用谐音法、联想法等。

第十一节 怎样成为地理通——地理的记忆

▶ 适合用来记忆地理知识的几种方法

其实地理知识并不难记忆，只要能掌握正确有效的记忆方法，你也可以成为让人羡慕的"地理通"，下面，就让我们来学习几种针对于地理知识的记忆方法。

1. 枯燥知识用比喻记忆法

记忆地理知识的时候，可以利用比喻的方法来帮助记忆，就是将所需要记忆的地理知识，根据其特点，将其比喻成我们平时所熟悉的一些事物，内容可以尽量地夸张搞笑，从而方便我们记忆。举例来说，当我们在记忆气压带、风带的季节移动时，可以将其比喻成燕子的季节迁徙；在记忆土星的时候，根据其特点：是太阳系九大行星中卫星数最多的行星，我们可以将其比喻成"土霸王"。这样一来，这个枯燥的知识点就变

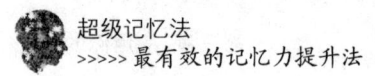

得生动有趣，从而方便了我们的记忆。

2. 记忆需要排列时间或空间位置顺序的知识时用字头记忆法

记忆地理知识的时候，还可以采用字头记忆法，就是将所需要记忆的多个地理知识的部分字头排列起来进行记忆，当回忆这些知识点的时候，可根据字头引出整体内容。这种记忆方法对于记忆需要排列时间或空间位置顺序的知识很有帮助。举例来说，当我们在记忆九大行星距离远近的时候，就可以利用这种记忆方法来帮助记忆：水金地、火木土、天海冥。

再比如，我国西部邻国，由北向南的顺序依次是哈萨克斯坦、吉尔吉斯斯坦、塔吉克斯坦、阿富汗、巴基斯坦，那么，我们在记忆的时候就可以这样记忆：西部哈吉塔阿巴。这样一来，我们既方便了记忆，又不容易将各个国家的位置弄混。而这就是字头记忆法的方便之处。

3. 形象地去记忆

形象地去记忆就是在记忆地理知识的时候，借助我们的形象思维，将所需要记忆的知识形象化，然后再进行记忆。这种记忆方法也可以使地理知识不再枯燥，从而提高记忆的效率。

举例来说，当我们在记忆中国各省的轮廓时，可以将每个省份的形状与熟悉的人或动物形象进行联系。比如，湖南省的轮廓是一个男人的头像、江西省的轮廓是一个女人的头像，而两个省份又紧密相连，那么我们就可以将这两个省份称之为"一对亲密恩爱的夫妻"。

再比如，广东省的轮廓好像是一个大象的鼻子，而鼻子延伸的方向正是南海，于是，我们就可以将广东省称之为"伸进南海的象鼻"。

通过这样形象的记忆，我们不仅找到了记忆地理知识的乐趣，同时还可以将地理知识掌握得更加牢固。

4. 对于一些易混淆知识，根据知识特征进行记忆

在记忆地理知识的时候，尤其是一些比较容易混淆的知识点，我们在记忆的时候不要太过死板，要灵活一些，找到知识的特征然后去记忆。

比如说，西亚和北非石油资源的特点是储量大、埋藏浅、出油多、油质好。那么，我们在记忆的时候主要抓住四个关键字"大、浅、多、好"进行记忆就可以了，而当我们在回忆这个知识点的时候，只要想到"大、浅、多、好"，就可以马上回忆出"储量大、埋藏浅、出油多、油质好"，从而将知识记忆得牢固，且不易混淆。

5. 将知识进行比较帮助记忆

学习地理知识的时候，我们可以定期地对所学习过的知识进行整理分类，将所学过的知识中相反或相近部分进行对比比较，找出异同点进行归纳，在对比中进行记忆，记得多而牢。

6. 为知识配上插图，有趣又能记得牢

记忆地理知识的时候，可以为知识点配上插图，从而方便记忆。

7. 将知识点与实际相结合，方便记忆

地理是一门与现实结合很紧密的学科，所以当我们在记忆地理知识的时候，就可以与实际相结合，方便记忆。

举个例子，当我们在记忆一些与天气有关的概念时，就可以通过收听天气预报的方式来对天气进行分析，从而对这个知识点加深记忆。

8. 结合故事，透彻理解知识点，从而记得牢

在学习地理知识的过程中，很多理论性的知识点都非常的枯燥无聊，而我们在记忆这些知识点的时候，就可以结合一些故事来帮助记忆理解知识点，从而加深记忆的印象。

举个例子来说，当我们在学习"中国人口政策"的时候，不明白为什么要"控制人口数量，提高人口素质"，导致没办法将这个知识点牢记在脑中。那么，这时我们就可以根据一些故事来帮助自己理解这个知识点。比如说，有一个母亲生了8个孩子，如果按照这样的生育比例来生孩子的话。不出五代，这就会是一个几千人的大家族。由此可见，控制人口的重要性。

就这样，我们通过一个很符合现实的小故事，很好地理解了这个知

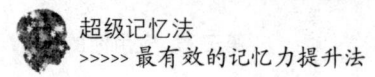
识点，并将知识点"学活"，从而帮助我们增强了记忆。

▶ 如何运用联想法记忆地理知识

当我们在记忆地理知识的时候，联想记忆法是一个不错的选择。下面，就让我们来了解下如何运用联想记忆法来帮助我们记忆。

1. 对一些在时间上或者空间上相近的知识点进行联想——接近联想记忆法

当我们在记忆地理知识的时候，如果遇到一些在时间上或者是空间上有所形似或内容上比较相近的知识点时，我们就可以在这些知识点间建立联系，进行联想，从而方便我们的记忆。

举个例子，当我们在学习亚马孙平原的时候，就可以在地理空间上对这个知识点进行拓展联想，想到亚马孙河，全年水量丰富，季节变化量小；又想到世界上最大的热带雨林区，树种丰富，破坏严重，"世界肺脏"作用正在不断减弱。

再举个例子，当我们在记忆洋流的分布规律时，在中低纬地区形成以副热带为中心的反气旋型大洋环流，联想到北半球的反气旋是顺时针方向流动，东西风向如何就一目了然了。

通过以上这两个例子我们可以看出，我们通过接近联想记忆法，将一个知识点的记忆，轻松地变成了多个知识点的掌握，从而减少了我们的记忆负担，而这，就是接近联想记忆法的魅力之处。

2. 对相类似的事物可以进行联想——类似联想记忆法

当我们在记忆多个地理知识点的时候，可以将这些知识点进行详尽的分类，然后通过在这些知识点间找到某些共性，从而进行联想，强化我们的记忆。

举例来说，里海的面积约为 38 万平方千米，而从这我们就想到，日本的国土面积大约也为 38 万平方千米。就这样，轻松就记住了这两个知识点。

再举个例子，温带季风气候区内的自然带为温带落叶阔叶林带，而温带海洋气候区内的自然带也为温带落叶阔叶林带。那么，我们就可以将这两个知识点一起记忆，看到一个，就会联想出另外一个知识点。从而方便了我们的记忆，而这也正是类似联想记忆法的便捷之处。

3. 对于一些相互之间有着明显对立特点的地理知识可以进行联想——对立联想记忆法

上一条我们学习了对两个相似的知识点进行联想记忆，那么，同样我们也可以对两个有着明显对立特点的知识点进行联想记忆。比如说，将世界海拔最高的珠穆朗玛峰与海拔最低的死海进行对比联想记忆，这样的记忆有助于我们掌握各个知识点的特点，从而增强我们的记忆。

4. 根据地理事物之间的因果、从属、并列等关系进行联想——从属联想记忆法

从属联想记忆法可以帮助我们很好地理解地理知识彼此之间的关系，使我们在思考问题的时候有着明确的方向，使我们在学习地理知识的时候感到知识多而不杂，繁而不乱，有规律可循，从而也方便了我们的记忆。

举个例子，根据因果关系展开联想：地球自转→地转偏向力→盛行风向→洋流的流向；根据从属关系展开联想：总星系→银河系→太阳系→地月系；根据并列关系展开联想：风化作用→侵蚀作用→搬运作用→沉积作用→固结成岩作用。

就这样，我们通过从属联想的方法，将看似杂乱的地理知识变得有规律可循，整理了我们的记忆，从而也使我们的记忆更加的轻松、方便。

5. 对大量知识进行整理、联想——聚合和发散联想记忆法

当面对大量的地理知识需要记忆的时候，我们就可以利用聚合联想记忆法或发散联想记忆法来帮助我们记忆。这两种记忆方法是互为逆过程，我们在运用这种记忆方法的时候，可有助于我们学习时举一反三，

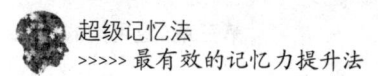
开阔我们的思路，建立地理知识的"联想网络"，从而使我们的记忆整体化、轻松化。

举个例子，在地理知识中，有关赤道的知识点我们可以运用发散思维将下列各点进行归纳：它是地球上最长的纬线、纬度最低的纬线、距南北两极距离相等的纬线、地转偏向力为零的纬线、仰望北极星仰角为零的纬线、全年昼夜平分的纬线、地球自转线速度最大的纬线；它还是南、北半球的分界线、南北纬度划分的起始线。然后我们可以将这些整理成"知识网络"进行联想记忆，而这就是发散联想记忆法。反之，当我们看到上述纬线的时候，联想到赤道，这种方式就被称之为"聚合联想记忆法"。

聚合联想记忆法和发散联想记忆法不仅可以帮助我们高效地记忆地理知识，同时，还可以让我们对地理知识进行有效的整理，学会了触类旁通，使知识掌握得更加扎实。所以，当你遇到大量地理知识需要记忆的时候，不妨采用这两种记忆方式，让记忆清晰化、明朗化，效率也更高。

6. 让最奇特的联想方式来帮助你记忆——奇特联想记忆法

当我们在运用联想法记忆地理知识的时候，为了加强记忆，我们可以尽量使用一些奇怪、夸张的联想方法，将一些零散、毫无规律的地理知识进行串联，然后在大脑中形成形象的记忆。这种联想方法可以有效地刺激我们的大脑，增强枯燥知识对我们的吸引力和刺激性，从而使知识深刻地印在我们的脑海中。

举例来说，当我们在记忆柴达木盆地中有矿区和铁路时，我们就可以将这个知识点这样联想：冷湖向东把鱼打（卡），打柴（大柴旦）南去锡山（锡铁山）下，挥汗（察尔汗）砍得格尔木，火车运送到茶卡。从而加深了我们对这个知识点的印象。

综上所述，了解了这两种联想记忆的方式，你是不是感觉地理知识的记忆变得简单很多了呢？所以说，灵活地运用联想记忆法，无论是记忆地理知识还是其他内容，我们都可以发现这种记忆方法的魅力之处，不知不觉间就减轻了我们的记忆负担，从而使我们的记忆不再困难。

顺口歌谣帮你把地理知识变简单

口诀记忆法可以让繁杂的知识点变得轻松好记，而针对地理知识，我们也可以采用口诀记忆法。下面，让我们了解一些与地理知识有关的歌诀。

歌诀一：《我国七大古都》

七大古都是北京，西安南京杭州城；河南洛阳和开封，安阳殷墟史料重；北京故宫天安门，颐和园及八达岭。西安大小两雁塔，骊山华清池秦陵；南京雨花台江桥，玄武湖和中山陵。杭州西湖双十景，灵隐寺与飞来峰；洛阳龙门石窟精，白马少林寺著名。开封铁塔和龙亭，相国寺钟观音听。

歌诀二：《我国地形区特点》

青藏高原有雪山，远看是山近成川；

内蒙高原第二大，一望无际地面坦；

黄土高原黄土松，支离破碎多沟坎；

云贵高原峰岭众，岩溶坝子到处看；

塔里、准噶、柴达木，盆地内部戈壁滩；

四川盆地山岭环，内有成都像把扇；

三大平原北向南，东北华北长江岸；

东北海拔 200 米，人民常把黑土翻；

华北又称黄淮海，海拔 50 地势坦；

河汊交织湖泊多，"水乡"遍布长江岸。

歌诀三：《大洋和大洲的位置》

洋以洲为界，洲以洋分野；

太平洋为四洋首，位于亚澳两美间；

大西洋西南北美，东岸临界欧与非；

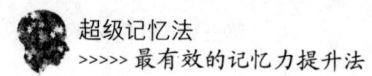

印度洋临亚非澳，南部三洋水相连；

北冰洋面为最小，亚欧北美三洲环。

歌诀四：《地球变暖的危害》

大气污染，地球变暖；

冰川融化，沿海被淹；

采取措施，刻不容缓。

歌诀五：《地形变化》

地形变化，内外力加；

沧海桑田，内部力大；

板块运动，拉抻挤压；

断层褶皱，出现高洼；

火山地震，板块缘发；

外部力量，不可轻它；

风浪水冰，侵蚀变化；

天长日久，削高填洼。

以上 5 个顺口的歌诀叙述了 5 种地理知识。当你在熟读歌诀的过程中，是不是也对这原本复杂的地理知识有所掌握了呢？其实，与地理知识有关的歌诀还有很多，以上只是比较常见的 5 个歌诀。当然，你也可以选择自己去编写歌诀，但是编写歌诀并不是一件容易的事情，所以在此建议，在学习地理知识的时候，多多留意、多多搜集一些歌诀方面的资料，从而方便自己的记忆。

▶ 地图应该怎么记

地图是地理知识中重要的组成部分，也是我们学习地理知识的一个重点问题。可面对各式各样的地图，如何去记忆，则成为了一个学习地理知识的难点。下面，就让我们学习几种专门针对地图知识的记忆方法。

1. 找到地图形状与地理知识之间的联系，使记忆形象化

当我们在记忆地图形状的时候，可以找到地图形状与地理知识之间的一些联系，从而帮助我们记忆。比如说，当我们在记忆长江三角洲工业区的时候，可以在地图上将无锡、苏州、宜兴、湖州围绕太湖连成一侧立的梯形，从而方便我们记忆；还有，澳大利亚东南部悉尼等三城市构成"三星式"，裕溪口和芜湖构成"隔河连珠"等。同时，我们还可以将地图的形状进行形象的说明。举例来说，将联邦德国比作"装满粮食的口袋"，将波罗的海的外形用字母"Y"来表示等。

除此之外，为了帮助我们记忆地图的形状，我们还可以进行一些填图训练，根据整体——局部——整体的原则，大小图结合，按先读图，后简化，最后复原的程序练习。这种练习可以调动我们的各个感官参与记忆，从而帮助我们将地图知识记得快、记得准、记得牢。

2. 进行丰富的联想

当我们在记忆地图知识的时候，可以对地图进行丰富的联想，采用各种方法来刺激我们的大脑，帮助我们记忆。比如说借助谐音、编故事等。

3. 抓住重点记忆

当我们在记忆地图的时候，也可以通过抓住重点的方法来帮助我们记忆。就是对地图中所承载的一些信息进行分析、加工、分化，从而排除干扰，方便记忆。

比如说，当我们在记忆铁路地图的时候，在示意图的基础上，先以干线为本，先易后难，先简单后复杂地进行记忆。或者也可以用笔将干线部分勾画出来，然后重点记忆。对于一些比较难记的部分，可以通过不断复习的方式来加深记忆。同时，文字部分也可以借助一些歌谣或者谐音的记忆方法来帮助记忆。

4. 阅图思文

当我们在看地图的时候，可以将针对这一地图所学习的知识进行回忆，这样不仅可以帮助我们巩固所学习过的地理知识，同时还可以使我

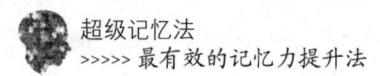
们对地图的印象更加深刻，帮助我们在不知不觉间就记住了地图。

以上四种方法是专门针对记忆地图的记忆方法，由此可见，记忆地图也并不是一件死板的事情，它也有它的记忆方法。所以说，生活中，任何事物都是有"记忆捷径"的，只要我们肯多动脑筋，多多发现，就一定会找到适合自己的，又快、又准、又牢固的记忆方法。

第十二节　记忆政治有诀窍——政治的记忆

▶学会概括内容

如何记忆政治知识？最简单常用的一种方法就是概括内容——概括记忆法。这种记忆方法就是对所需要记忆的材料进行提炼，抓住材料中关键性的内容进行记忆，从而简化记忆，提高我们的记忆效率。下面，让我们具体了解下这种记忆方法。

1. 学会使用缩略语

针对政治知识来说，无论是概念性的语句还是一些文献内容，经常会遇到一些字数较多的词语、名称。那么，这个时候我们就要学会对这些内容进行适当的"浓缩"，从而方便我们的记忆。

2. 试着找出记忆的"中介"，帮你记忆大量内容

面对繁杂的政治材料，如果我们一个字一个字地去将内容记录进大脑，那则是一件非常困难的事情，可如果我们能找出材料中那些让我们自己敏感的关键字，并将其作为记忆的"中介"，使我们看到这些关键字就能将材料的全部内容都回忆出，那么，我们的记忆效率就会提升很多。

所以说，当我们在记忆大量政治知识的时候，就可以采用这种记忆方法，找出记忆的"中介"（关键词），从而简化记忆，使记忆更加的轻松、有效。

3. 用重点提示自己

如果你感觉记忆政治知识是一件枯燥的事情，且感觉无论自己如何的努力都没有办法将其记忆下来，那么，你就可以采用这样的方法来帮助自己记忆——画出记忆的重点，并作为记忆的提示。比如说："双百方针"就是"百花齐放、百家争鸣"的提示。这样一来，我们在记忆的时候就没有太大的压力，从而提高了我们的记忆效率。

以上是三种比较常见的概括方法，其实除了这三种概括方法，还有主题概括、同类合并等概括方法。

▶ 列表记忆政治知识的具体步骤

我们知道，列表记忆法可使我们的记忆更加的清晰、有条理，可一目了然地将所需要记忆的材料看清。那么，针对政治知识的记忆，我们在运用列表记忆法的时候，主要步骤都有什么呢？下面，我们来具体了解下。

第一步，我们首先要对所需要记忆的材料进行分类，分类的目的是为了弄清所记忆的材料适合编制哪种类型的图表；

第二步，将所需要记忆的材料进行详细分类之后，再找出每类材料的相同点及不同点，每类材料的特点；

第三步，总结完记忆材料的特点之后，按照不同类型表格的规格和形式进行编制表格；

第四步，编制好表格之后，将已经分类、整理好的材料逐一填充到表格中去。

其实，利用列表的方式去记忆政治材料，并不见得记忆的速度会很快，但是，在我们整理材料、列表格的过程中，就是一次对知识加深印象的过程。所以说，往往一张图表整理出来，我们就已经将知识点牢记在大脑中了。而这，就是列表记忆的魅力之处。

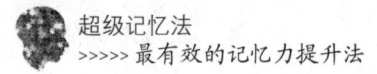

▶ 找到知识规律，方便知识记忆

在我们记忆政治知识的时候，我们可以在大量的政治知识面前，找到知识的规律，从而方便我们的记忆。

运用规律进行记忆是一种比较高级的记忆方法，这是因为规律往往具有普遍性和重复性的特点，所以我们在记忆的时候，只要抓住事物的这些共性，就能联系个性，从而方便我们的记忆。

通过找规律帮助记忆，这种记忆方法最大的优点就是可以在无形间减轻我们大脑的记忆负担，从而记住更多的知识。不过，在运用这种记忆方法的时候，也有一些需要我们注意的地方。

注意一，当我们在运用规律进行记忆的时候，必须要明确材料与材料之间的联系，并从大量的繁杂材料中抽象出、抓住本质的东西，得出统一的定理、法则、公式。并不是说让我们在一般意义上懂得记忆材料，如果对知识的了解只是一知半解，那么，我们就没有办法按照规律去进行记忆。

注意二，并不是任何的材料都适用于规律记忆。这种记忆方法，只适合于在相同条件下反复出现的材料，而并不适用于在特殊情况下偶然出现的材料。

通过以上两个"注意"我们可了解到，规律记忆法虽然具有较广泛的应用范围，但这种记忆方法本身也存在着一定的弱点，而这也就要求我们在运用这种记忆方法帮助记忆政治知识的时候，需要有一定的思维能力，这样才能很好地思考，透过现象抓住最本质的东西，从而提炼出事物的本质特性。

不过，当我们在运用规律记忆法的时候，并非一定要具有较高水平的思维能力，也并不是运用这种记忆方法的绝对前提，所以说，规律记忆法还是一种广泛的、适用于大众的记忆方法。

▶ 提炼纲要，记忆一目了然

当我们在记忆政治知识的时候，如果感觉所记忆的知识太过繁杂、不好记，那么，我们就可以采用提炼纲要的方法来帮助我们记忆，即写出材料的主要脉络。这样一来，就可以使知识具有较强的直观性、概括性和条理性，一目了然，记忆方便，且印象深刻。不知不觉间，就减轻了我们的记忆负担，化繁为简、转多为少。我们将这种记忆政治知识的方法称之为提纲记忆法。下面，让我们来了解下运用提纲记忆法的具体步骤。

1. 运用提纲记忆法的步骤

当运用提纲记忆法记忆政治知识的时候，需要这样几个操作步骤：

步骤一，分析材料。即当我们面对大批需要记忆的知识时，首先要对这些知识进行分析，看看知识的内容提要和目录，将知识与知识之间的关系弄清。可以多浏览几遍知识，然后在了解全部知识信息的基础上，对知识进行段落划分，从而掌握大量知识的脉络。

步骤二，综合知识。就是当我们分析完所需要记忆的材料之后，将这些材料进行综合概括。

步骤三，概括表述。也就是提纲的成型过程。当我们将纲要提炼完成之后，用自己的语言将内容表述出来，内容要准确无误。

以上就是运用提纲记忆法记忆的三个步骤，但在运用这种记忆方法记忆知识的时候，还需要注意几点细节。

2. 运用提纲记忆法时所需要注意的细节

注意一，量材而用。也就是说，并不是任何的知识点都可以运用提纲记忆法来帮助我们记忆的，我们在运用这种记忆方法的时候，要根据所记忆材料的分量作决定，看是否适合于编写提纲，如果不适合，我们可以采用其他的记忆方法来帮助我们记忆。

注意二，分清主次。就是在提炼纲要的时候，要看清楚主次关系，

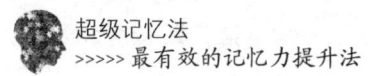
无须将任何的知识点都提炼到纲要中，一些次要的知识点就不要归结到纲要中，不然不仅不会减轻我们的记忆，反而还会使我们的记忆负担更加的繁重。所以说，提炼纲要的时候，一定要分清主次。

注意三，及时复习。运用纲要记忆法完成记忆之后，也要进行及时的复习，这样才能将知识点牢记在脑中，不会遗忘。

综上所述，当我们在运用提纲记忆法的时候，一定要分析清楚记忆的材料是否适用于这种记忆方法，如果不适用，则可以选择其他记忆方法来帮助我们记忆，不然"强行"使用这种记忆方法，不仅不会方便我们的记忆，反而还会增加我们的记忆负担。

▶ 学会为记忆政治知识增添趣味性

我们在记忆政治知识的时候，不要太过于死板，要学会为枯燥的记忆增添些趣味性。下面，就让我们来了解都有哪些趣味记忆法可以帮助我们记忆政治知识。

1. 联想记忆

适当地运用联想记忆法可以使政治知识的记忆变得有趣生动，从而提升记忆效果。当然，在运用这种记忆方法的时候，一定要选择好联想的通道，因为这是记忆的关键，只有通道选择好了，我们的记忆才会"豁然开朗"，从而有助于我们的记忆。如果通道选择不好，那么，不仅不会有助于我们的记忆，反而还会为我们的记忆增添负担。同时，运用联想记忆法记忆政治知识的时候，需要我们对政治知识有一定的积累，因为联想是新旧知识建立联系的产物，先学的知识应成为后学的知识的基础，旧知识积累得越多，新知识联系得越广泛，就越容易产生联想，也就越容易理解和记忆新知识。

所以说，把握好以上两个前提，我们就可以运用联想记忆法来帮助我们记忆知识，提升我们的记忆能力。

2. 歌诀记忆法

将繁杂枯燥的政治知识编写成歌诀，提升记忆的趣味性，方便记忆。

3. 谐音记忆法

谐音记忆法总是能为我们枯燥的记忆带来趣味性。而当我们在记忆政治知识的时候，也完全可以运用谐音记忆法来帮助我们记忆。使枯燥的记忆变得生动有趣，增强我们的记忆效果。

以上只是常用的三种为政治记忆增添趣味性的记忆方法，其实记忆政治知识的方法还有很多，学习中，我们要学会发现，找到最适合自己的记忆方法，从而提升我们的记忆能力。

▶ 图像法帮你将法律条文记得牢固

当我们在学习政治知识的时候，永远背不完的法律条文是我们记忆这门学科的难点。那么，针对政治知识中各种各样的法律条文，我们在记忆的时候，有没有"捷径"可寻吗？答案是肯定的，而帮助我们记忆法律条文的最好方法就是，将枯燥文字变得形象化，充分利用图像法来帮助我们记忆。下面，让我们来了解下利用图像记忆法记忆法律条文的具体步骤。

1. 熟读

当我们利用图像法记忆法律条文的时候，第一步就是要将条文熟读。我们这样做的目的有两个，第一是充分地熟悉条文内容，且要做到绝对的理解；第二就是要从条文中找出关键字，方便我们接下来的记忆。

2. 抓住关键字

熟读了条文内容之后，我们要从中找出关键字。这里需要说明的是，记忆法律条文的时候，与记忆其他文字内容有稍许不同，就是当我们在记忆法律条文的时候，并不需要一字不漏地记住所有的内容和文字。所以，这里所说的"抓住关键字"就是说要抓住条文中具有代表意义的或重要的专有名词、用词。

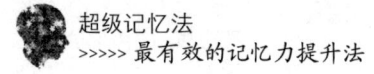

3. 将关键字图像化

找到了条文中的关键字之后，接下来需要做的就是将所找到的关键字图像化，尽可能地发挥你的想象力，让枯燥死板的内容变得生动有趣，从而方便我们的记忆。

4. 连接

将我们所找到的关键字图像化之后，并不代表我们已经记忆了全部的条文内容，因为我们知道，每一部法律法规，都不可能只有一条内容，所以当我们利用图像法将每条法律条文记住之后，接下来需要做的就是连接——将每一条内容进行有顺序的、准确的连接。这时，我们在记忆的时候可以采用定桩法或者其他记忆方法来帮忙，从而使我们的记忆更加准确。

5. 检查

当我们将所有的条文都记忆完之后，接下来需要做的就是检查，检查我们的记忆是否正确。那么，要如何检查呢？我们可以"看着"连接的图像画面，回想法律条文的章节号，并且尝试着用自己的语言，说出条文的主旨或内容，从而加深我们的记忆印象。

如果我们在检查的过程中顺利地完成了前面所说的步骤，说明我们的记忆准确，否则，我们则需要重新对知识进行检查、记忆，使我们的记忆做到准确无误。

以上就是利用图像记忆法记忆政治法律条文的步骤。图像记忆法的最大优点就是，可以使枯燥的文字变得生动有趣，方便了我们的记忆，且使用这种记忆方法记忆过的事物，往往会很牢固地保存在我们的脑海中，不容易产生遗忘。所以说，如果你还在为记忆枯燥的政治法律条文困惑，不妨试试用图像记忆法来帮助自己记忆吧。

第四章

训练你的记忆

即使你掌握了各种各样的记忆方法，且这些方法是简单有效的，那你也不能算是真正拥有了一个好记性。为了使我们的头脑更加的灵活，使我们的记忆思维更加的开放，我们在生活中，完全可以借助一些益智小游戏、思维练习题等来帮助我们锻炼大脑，寓记于乐，增强我们的记忆能力。下面，就让我们通过一些益智游戏和思维练习题，开展一场不一样的记忆训练。

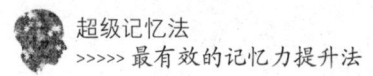
第一节　训练记忆力的小游戏

▶ 说出你的感受

　　说出你的感受。开始这个游戏之前，你可以随便找出一样东西，可以是一个相机、一个铅笔盒或者一个杯子等。仔细、认真地对这个事物进行30秒钟的观察，然后闭上眼睛，试着将对这样东西的所有感受都详细地说出来，比如说，你所找出的这个东西是杯子，当你对这个杯子进行仔细的观察之后，你慢慢地闭上眼睛，回忆着这个杯子，然后你可以说，杯子的外形是一个圆柱体，杯壁上有许多可爱的卡通图案。那么，都有什么卡通图案呢？你可以进行更详细的回忆。如果出现回忆不出的情况，则可以睁开眼睛，再看一遍，然后再闭上眼睛，对物体进行回忆。如此反复，直到自己可以将这个东西的特征说得完整无遗为止。

　　经常练习这个游戏，可以有效地提高我们的记忆能力。这是因为，当我们在进行这个游戏的时候，我们对所观察的物品进行详细回忆的过程，其实就是对我们记忆能力的一种锻炼。同时，游戏简单且方便，适合随时随地地练习，可一人练习，也可多人一起娱乐。总之，只要坚持练习，就一定会收获意想不到的效果。

▶ 你能听到吗

　　你能听到吗？这个游戏操作起来也很简单，就是去倾听一些比较微弱的声音，因为微弱的声音会迫使人的注意力高度集中，而注意力越是集中，我们的记忆就越是迅速、牢固。所以说，注意力集中也是提升记忆力的一个关键因素。针对这一点，我们在日常的时候，可以专门找一些微弱的声音来进行训练，声音的内容可以是一段话，也可以是一段歌曲，用心地倾听。游戏可以一人进行，也可多人同时倾听。不过，这种游戏的练习时间最好不要超过3分钟。

堅持这种练习一段时间之后，你就会发现，你的记忆力在不知不觉间就已经有了很大的提高。

▶ **留神看**

留神看。这是一个规则非常简单的游戏，且玩起来也很方便。当你与朋友在逛商场或者路过某百货公司的橱窗时，你们可以对商场内品牌或者百货公司橱窗里的内容进行记忆，然后在走过之后，对所记忆的内容进行详尽的回忆。游戏可以采用计分制，说出的记忆内容越多、越详尽，打分就越高。

这个游戏是由宾夕法尼亚州匹兹堡大学语言教授斯特娜夫人发明，斯特娜夫人非常注意教育自己的女儿，在其女儿很小的时候，就经常与她玩"留神看"的游戏。且事实证明，这种游戏对记忆非常的有效果，当她女儿5岁的时候，在纽约肖特卡大学教授们面前，把《共和国战》朗诵了一遍之后，就能将《共和国战》一字不差地复述下来，这让教授们非常吃惊，斯特娜夫人笑着将"留神看"的游戏告诉给教授们，并这样解释说："我这样做，是为了让她注意事物，养成敏锐地观察事物的习惯。"

其实，"留神看"主要还是对注意力的一种培养，而注意力一旦有所提升，我们的记忆能力就自然而然地有所提升。所以，要在不知不觉间提升你的记忆能力，不妨在与你的朋友逛街的同时，多玩几次"留神看"。

▶ **肆无忌惮的联想**

肆无忌惮的联想。进行这个游戏之前，你首先要在桌上摆放几件小物品，对于初次玩的人而言，物品件数最少不要少于3件，最多不要超

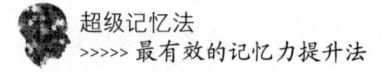

过5件。摆上去的小物品可以是瓶子，可以是钢笔，也可以是钱包等。通过对物品的观察，然后对这个物品展开充分的联想，每样物品联想时间为两分钟，两分钟结束后，立马对下一个物品进行联想，直到将桌上的物品全部联想完。

举例来说明，比如，你在桌子上摆放了3样物品，一支钢笔、一个水瓶、一个钱包。游戏开始，你首先观察第一样物品：钢笔，在观察钢笔的这2分钟内，你可以对这支钢笔做任意的联想：钢笔的材料是什么？钢笔的制作过程是怎样的等。2分钟结束之后，马上对下一个物品水瓶进行联想：水瓶的用途是什么？水瓶是怎么制造的等。2分钟结束后，再对钱包进行联想：钱包里有多少钱？这个钱包是皮质的么？3个物品各联想2分钟的时间，游戏结束。

这个游戏虽然看似简单，但如果你每天坚持进行这个游戏10分钟的时间，那么，2个星期之后，你的记忆力就会有大幅度的提升，不信你可以现在就去试试看。

▶ 画中的奥秘

画中的奥秘。从游戏的名字我们就不难看出，在进行这个游戏的时候，你需要一幅画，且画越大越好。找好画之后，接下来，你需要做的就是认真地盯住这张画看，2分钟后，闭上你的眼睛，逐次回忆画的内容，回忆的内容尽量完整。比如说，你所观察的画是一幅人物画，那么，你就要将画中的人物回忆得尽量仔细，人物的衣服是什么款式？什么颜色？人物的头发、眼睛、鼻子、嘴巴是什么样子等。回忆完之后，睁开眼睛再看一下原画，如果发现自己的回忆不完整，可以再对画进行一遍回忆。

这个游戏的训练也是对我们注意力的一种提升，当然，如果没有画，你也可以用一张你不算熟悉的城市地图代替。提升注意力，便是提高记忆的关键。

▶一手画圆，一手画三角

一手画圆，一手画三角。这个游戏看似简单，但实际操作起来却是十分的困难。首先，准备两支笔，左右手各拿一支，然后在准备好的纸上左右手同时作画：左手画圆圈，右手画三角。游戏训练的是我们左右脑的平衡，又被称之为达·芬奇训练法。

而达·芬奇训练法除了这样的训练方法之外，还有另外一种训练方法：先用墨水在纸上画出一个五角星，将这个五角星放在镜子前，然后对照镜子里的五角星形状用红色的墨水描出纸上的五角星，描的时候绝不能看手。这样的训练可以每天进行 3 分钟左右的时间，时间久了，你就会发现，你的大脑在不知不觉间得到了进化，为记忆力筑牢根基。

这里需要说明的是，这个游戏虽然看起来简单，但做起来的时候却并没有那么容易，如果经常失败，可能会让人产生比较烦躁的情绪。所以当我们在练习这个游戏的时候，切记不要着急，慢慢地训练，心平气和地训练，一定会成功。

以上几个简单的游戏练习，可以使你在不知不觉间就提升你的记忆能力，而且，每个游戏都不需要占用你太多的时间，每天练习几次，一段时间之后，你就会发现，你的记忆力已经有了很大幅度的提升，让你再也不会为"记不住"而苦恼。

第二节 记忆其实不难练，思维游戏来帮忙

▶空中的战机

国庆节空军检阅，空中的战机按照严格的队形飞行。已知，参与检阅的这些战机，它们的队形是这样的：1 架在前，4 架在后；1 架在后，4

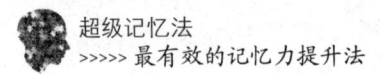

架在前；1架在左，4架在右；1架在右，4架在左；1架在两架中间，3架排成一行，共排了两行。

通过以上条件，你能在没有草稿纸的帮忙下，说出参加检阅的战机数量及战机的队形吗？

▶ 复杂而简单的算式

下面的算式，你能在没有草稿纸和计算器的情况下迅速说出答案吗？
6666＋6666－6666×6666÷6666＝？

▶ 他们的职业各是什么

小陈、小李、小刘三个人是好朋友。三个人拥有着三种完全不相同的职业。已知，这三个人中，一个人是某知名公司的CEO，一个人是某大学教授，还有一个人是高级警官。此外，还知道以下条件：小刘的年龄比高级警官的年龄要大；教授的年龄要比小李的年龄小；小陈的年龄和教授的年龄不一样。问，你能根据以上的这些条件，推导出谁是CEO，谁是教授，谁是高级警官吗？

▶ 找到数字间的内在联系并快速记忆

仔细观察下列数字，你能在这些数字间找出某些内在联系，从而帮助你快速地记忆吗？1分钟之内完成记忆，可以不按照所给的数字顺序进行记忆。

14、39、76、59、24、62、86、92、49、34、96。

▶ "口"的组合

"口"字我们都认识，而很多由"口"组成的字我们也都认识，比如说：一"口"是"口"；二"口"是"吕"；三"口"是"品"等。那么接下来，你能用最快的速度说出一"口"到十"口"的十个汉字吗？（提

示，组字的时候可以灵活些思考)

▶ 奇怪的绳子

有这样一根绳子，你拿起剪刀将这根绳子从中间剪断，结果你发现，这根绳子仍然还是一条。你知道这是为什么吗？

▶ 推算出 5 的数字

有这样一组关系式，已知：1＝5；2＝53；3＝102；4＝208。那么，根据这些关系，你能推导出 5＝？

▶ 词语的记忆

请你用 2 分钟的时间将下列词语全部记住，可以不按照顺序记忆。

茄克、军舰、山脉、机枪、皮鞋、政治、筷子、坦克、领带、火炮、钢笔、裤子。

▶ 青蛙跳井

在一口干枯的老井中，住着一只可爱的小青蛙，小青蛙渐渐长大，开始对井外的生活充满憧憬。于是，这只小青蛙决定跳出井底，去体验下井外的生活。已知，这只小青蛙每天白天的时候能跳 3 米高，而每到晚上的时候就会向下滑落 2 米。井壁的高度是 12 米。那么，你知道这只小青蛙多久之后可以跳出井外看到外面的世界吗？

▶ 怎样拿到最大的钻石

在一栋楼里放有 20 颗大小不等的钻石，20 颗钻石分别放在 20 层电梯的门前。现在，你乘坐电梯从一楼到二十楼。每层电梯都会打开门停留 1 分钟，让你可以有拿取电梯门前钻石的机会。但是，你最终只能挑选一颗最大的钻石带走，且你从一楼到二十楼，每层只能有一次停留的

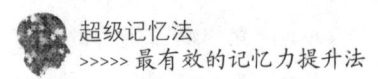

机会。问，你怎样才能挑选出最大的钻石呢？

找规律猜数字

有这样一组数字：1、11、21、1211、111221；请问，你能从中找到规律，猜出下一个数字是什么吗？

牛奶杯中的咖啡多还是咖啡杯中的牛奶多

餐桌上有一杯咖啡和一杯体积同样大小的牛奶，现在，我们拿一个勺子先从牛奶杯中舀出一勺牛奶，倒入咖啡杯中进行搅拌。搅拌均匀之后，再从这杯牛奶、咖啡的混合物中舀出一勺混合物放入牛奶杯中，再搅拌均匀。问。通过这样两次搅拌之后，是牛奶杯中的咖啡多还是咖啡杯中的牛奶多？

快速填写

请先看下面译码 30 秒钟，然后将其遮盖上。

1	2	3
答	人	瓶

用最快的速度将下列译题填写完。

3	2	3	1	2	1

请在"人"上添几笔

"人"字我们人人都认识，接下来，让我们来做一个与"人"字有关的游戏。首先，在你的本子上写上 14 个"人"字，然后分别在这些

"人"字上增加一画到三画，使它变成 14 个不同的字。聪明的你可以做到吗？

奇怪的三位数

有这样一个奇怪的三位数，这个数减去 7 之后就可以被 7 除尽；而当它减去 8 之后，就能够被 8 除尽；减去 9 之后又能够被 9 除尽。那么，聪明的你知道这个奇怪的三位数是什么吗？

猜汉字

1、2、3、4、5、6、7，7 个数字，分别代表 7 个汉字，同时，将这 7 个汉字两两组合到一起，又可以形成 6 个新的汉字，且满足以下条件：

1. "1"在上，"2"在下，2 个汉字组成了 1 个新的汉字，表示的意思是"日落"；

2. "2"在上，"3"在下，2 个汉字组成了 1 个新的汉字，表示的意思是"日出"；

3. "3"在上，"4"在下，2 个汉字组成了 1 个新的汉字，表示的意思是"欺侮"；

4. "4"在右，"5"在左，2 个汉字组成了 1 个新的汉字，表示的意思是"瞄准击发"；

5. "6"在左，"7"在右，2 个汉字组成了 1 个新的汉字，表示的意思是"丰满"、"胖"。

那么，你能根据这些条件，判断出 7 个数字分别代表哪 7 个汉字吗？

写成语

你知道唐朝诗人李白的《静夜思》如何背诵吗？相信很多朋友都会轻松回答出来：床前明月光，疑是地上霜。举头望明月，低头思故乡。不过，下面的问题并不是要你背诵《静夜思》这么简单。而是要你利用

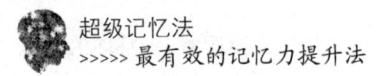

《静夜思》中的每一个字，组成 20 个成语，你能做到吗？

添同一个汉字

"一、二、三、五、七、千"，6 个汉字，你能在上面各添上同一个字，使这 6 个字成为另外 6 个字吗？

是与不是

什么"狗"不是狗？什么"书"不是书？什么"池"不是池？什么"虎"不是虎？什么"虫"不是虫？

伞的缺点

生活中，"伞"是我们的好帮手，下雨的时候可以帮我们遮雨，晴天的时候可以帮我们遮阳。然而，这个世界上并没有十全十美的事物，即便是用起来如此方便的雨伞，也是有着一定的缺点，那么，生活中善于细心观察的你，能列出几点伞的缺点吗？

帽子的问题

一群人开舞会，为了调动舞会气氛，主持人组织大家玩了这样一个游戏：给在场的每个人都发了一顶帽子，帽子只有黑色和白色两种颜色，其中黑色的至少有一顶。每个人都可以看到别人帽子的颜色，但看不到自己帽子的颜色，主持人可以看到所有人帽子的颜色。

游戏一开始，主持人先让每个人看看别人头上戴的都是什么颜色的帽子，然后关上灯，让认为自己帽子颜色是黑色的人拍拍手。第一次关灯，没有任何人拍手。于是主持人开灯，让大家再看一遍，又关灯，但依旧鸦雀无声。直到第三次关灯，才出现了拍手的声音。那么，你能根据这些条件，推断出，舞会里有多少人戴着黑帽子吗？

▶ 过河

古时候，有 3 名衙役押解着 3 个犯人过河。但是在河岸边只有一条小船，而且这条小船一次只能载 2 个人。要知道，犯人是很狡猾的，总是想找机会逃跑，但是，因为后面有犯人的仇家追杀，所以手中已经没有武器的犯人并不敢轻易逃跑。所以，需要保证的就是，任何情况下衙役的人数都不能少于犯人的数量。因为一旦衙役人数不如犯人数量多，犯人就会抢走衙役的武器，从而逃走。已知，在几个人中，3 名衙役全都会划船，而犯人只有 1 人会划船，且，过河之后，犯人便不能逃跑。问，你能想出一个确保犯人不能逃走的过河方法吗？

▶ 当 "1" 与到 "1"

我们知道，"1" 是一个很简单的数字，而当众多 "1" 在一道数学题中出现之后，就会出现一些神奇的现象。不信，将下列算式的结果计算出来，找到规律后，看自己能不能迅速回答出 "1111111×1111111" 的结果。

$1 \times 1 =$

$11 \times 11 =$

$111 \times 111 =$

$1111 \times 1111 =$

$11111 \times 11111 =$

▶ 盲人分袜子

有甲、乙 2 个盲人，在袜子摊前买了 8 双袜子，甲 2 双白袜、2 双黑袜，乙也是 2 双白袜，2 双黑袜。但因为一时疏忽，甲、乙两人将袜子混在了一起。已知，每双袜子都有一个商标相连接。问，甲和乙怎样才能取回各自的白袜和黑袜？

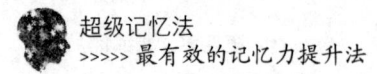

找相同点

当我们在记忆大量事物的时候，就需要从大量事物中找到事物与事物之间的共同点，从而帮助我们记忆，而这就需要我们培养起非凡的观察能力。那么，如何提升我们的观察能力呢？我们完全可以通过一些思维小游戏来帮助我们提升观察力。接下来这道题就是一道可以帮助我们提升观察力的练习题，有两组数字：

2、4、6、8；

3、5、7、9；

问，你能发现这两组数字多少个共同点呢？

填写唐诗

有下列几种动物：蜻蜓、骆驼、鸳鸯、凤凰、蝙蝠、蝴蝶、鹦鹉。你能将它们正确地填写到下列唐诗的空格中吗？

1. 合昏尚知时，□□不独宿。

2. 八月□□黄，双风西园草。

3. 山石荦确行径微，黄昏到寺□□飞。

4. 毡毛席里可立致，十鼓祇载数□□。

5. 晴川历历汉阳树、芳草萋萋□□洲。

6. 行到中庭数花朵，□□飞上玉搔头。

7. 长安城连东掖垣，□□池对青琐门。

拿糖果

桌上排列放了 100 块糖果，小明和小刚都想将这 100 块糖放入自己的口袋。争执了一会儿，两个人决定做这样一个游戏：两人轮流拿糖放入自己的口袋，且每次每人拿糖的数量最少拿 1 块，最多不超过 5 块。谁能拿到最后一块糖，谁就能得到桌上的 100 块糖。假设，聪明的你是第一个拿糖的人，那么，你第一次应该拿几块糖，才能保证自己是拿到最后一块糖的人？

▶ 找 "10"

下列几组数字中，每组数字都有一些两两相邻，其和等于 10 的成对数字。善于观察的你能否找出这些数字，并在下面画上线吗？

A 组：9185694678832345678987654 37；

B 组：2832123125437829237236324 37；

C 组：9878682765701986847432896 19；

D 组：4682468691819445556666777 38；

E 组：3659173794376766554433221 99；

F 组：9153219865434215216217281 94；

G 组：2856891245675216317461351 24；

H 组：4673829156734291231982651 90；

I 组：6428763782982457864018258 64；

J 组：9182736455372910820745679 23；

K 组：4394736824746364756972837 28；

L 组：6428649628183652836077889 91；

M 组：6547698473896474676476473 46；

N 组：8291638378465286633774885 59。

▶ 找出不同字

你能从下面几组字中，找出每组字中与其他字不同的字吗？

A 组：批批比批批批批批批比批比批批比批比批比批批比批批批；

B 组：波波波披波波披波披波波波披波披波披波披波波披波波波；

C 组：竖竖竖坚竖竖坚竖竖坚竖竖坚竖竖坚竖竖坚竖竖坚竖竖竖；

D 组：告告浩告告浩告告浩告浩告告浩告告浩告告浩告浩告。

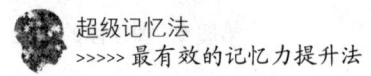
巧排队列

现在交给你这样一个任务：一共有 24 个人，需要排成 6 列，且要求每 5 个人为一列，请问你知道应该怎么排吗？

转动的圆环

有这样两个圆环，它们的半径分别是 1 和 2，现在，小圆环在大圆环的内部绕大圆环圆周一周，请问，你知道小圆环自身转动了几周吗？如果小圆环是在大圆环的外部绕行大圆环一周，那么小圆环自身转动几周呢？

取水

距离明明家不远处有一条河，明明每天都会去河里取水。一天，明明的妈妈需要 3 升的水，可明明家只有 5 升和 6 升的桶，那么，聪明的你能帮助明明用 5 升和 6 升的桶取到 3 升的水吗？

排序

桌子上放有 6 个杯子，6 个杯子排成一排，其中前 3 杯装满了水，后 3 杯是空杯。那么，聪明的你能不能想一个办法，只移动一个杯子，就能将盛满水的杯子和空杯子间隔起来。

房间里的灯

在一个房间里有 3 盏灯，3 盏灯的开关设在房间外，且不知道哪个开关对应哪盏灯。现在，你想要判断每个开关分别对应哪盏灯，你可以任意地开关灯的开关，但只有一次走进房间的机会，且在房间外看不到房间内的任何东西。那么，聪明的你能想出一个最好的方法判断出哪个开关控制哪盏灯吗？

诚实国与说谎国

很久之前，有"诚实"和"说谎"两个国家，诚实国的人永远都说真话，说谎国的人永远都说假话。两个国家相邻。一天，一个人来到这两个国家之间，但不知道哪个国家是诚实国，哪个国家是说谎国，于是他想找人问，可一面是永远说真话，一面是永远说谎话，如果问错了人，就会走到说谎国。问，这个人要怎样问才能得知正确方向呢？

烤面包

为了让明明的早餐更加健康，明明的妈妈特意为明明买了一个烤面包机，这样，明明每天早上就都能吃上烤热的面包了。可是，这个面包机虽好，却有这样一个弊端，就是特别的费电。明明每天早上要吃 3 片烤面包，而面包的两面都需要烤热，每面烤 1 分钟，烤好后拿出来烤另一面，面包机一次只能放 2 片面包。自从家中买了这个烤面包机之后，明明家的电费单是直线飙升。一面是孩子的健康，一面是家中的电费，为此，明明的妈妈十分苦恼。一天早上，明明的妈妈像往常一样早起为明明烤面包，3 片面包，两面全烤，共用了 4 分钟，明明的爸爸观察了明明的妈妈烤面包方法之后，笑着对明明的妈妈说道："其实这个烤面包机并不费电啊，只是你的烤法太费电罢了。"说完，他用他的方法烤 3 片面包，一样的两面全烤，但却只用了 3 分钟的时间。问，你知道明明的爸爸用的是什么方法吗？

谁偷了金条

银行发生了盗窃案，丢失了大量的金条。警方对此全力调查，抓住了 4 个嫌疑人。不过，盗窃金条的人只有 1 个，为此，警方对这 4 个人展开了问话。4 个嫌疑人分别这样回答。

嫌疑人 A：我没偷，偷盗者一定是 B 或者 D；

嫌疑人 B：我发誓自己没有偷盗；

嫌疑人 C：我当时正好路过犯罪现场，且看到了偷盗者是 D 而不是 B；

嫌疑人 D：我没有偷盗。

这 4 个嫌疑人中，只有一个人讲了谎话，其他人都说了真话，那么，聪明的你能判断出究竟是谁偷了金条吗？

▶ 巧分金条

假如你是一个老板，你让一个工人帮你工作 7 天，且，这 7 天的回报是一根金条。你需要每天都支付给工人等量的金子。要求，金条只允许被切断 2 次，问，你该如何给工人付费呢？

▶ 填诗句（1）

以下是一个 7×7 的表格，表格中有 7 个"春"字，现在，请努力回忆你所学过的带有"春"字的七言诗句，然后将下面的表格补充完整。

春						
	春					
		春				
			春			
				春		
					春	
						春

▶ 填诗句（2）

以下是一个 5×5 的表格，表格中有 5 个"春"字，现在，请努力回忆你所学过的带有"春"字的五言诗句，然后将下面的表格补充完整。

春				
	春			
		春		
			春	
				春

▶ 谁在说谎

小区发生了盗窃案，警方抓获了3个犯罪嫌疑人。通过一番审讯之后，3个犯罪嫌疑人各执一词。

嫌疑人一号说："对，就是我偷的。"

嫌疑人二号说："一定不是我偷的。"

嫌疑人三号说："我肯定不是一号偷的。"

已知，这3个嫌疑人中只有一个人说了真话，另两个人说了假话。问，聪明的你能很快判断出谁是盗窃者吗？

▶ 调准时间

晨晨奶奶家的钟表坏了，懂事的晨晨用自己的零花钱给自己的奶奶买了一个时钟。可是，将时钟上完弦之后才发现一个问题，奶奶家一块手表都没有，没办法将时钟调成正确的时间。这可怎么办呢？聪明的晨晨想起同学花花家就在奶奶家附近，于是想到了一个调准时间的好办法。他先去花花家坐了一会儿，然后再回到奶奶家的时候，就将时钟的时间调准确了。问，你知道晨晨是怎么确定准确时间的吗？

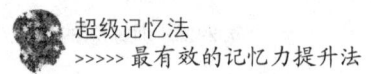

糊涂的店员

街角有一家面包店，出售大、小两种面包。一天，店里像往常一样烤了 60 个面包，大、小各 30 个。这时，一位衣着讲究的顾客走进店里，询问面包价格。店员见有客人，热情地说道："都是刚烤好的面包，大的 1 元钱 2 个，小一点的 1 元钱三个。"这位顾客想了想说道："大的 1 元钱 2 个，小的 1 元钱 3 个，那为什么不按照 2 元钱 5 个的价格来卖呢？你烤好的这 60 个面包我都要了，给我包起来吧。"店员觉着有道理，于是就同意了这位顾客的要求，以 24 元的价格卖了所有的面包。可奇怪的是，平时将这些面包全卖完可以赚到 25 元，为什么今天就少了 1 元钱呢？聪明的你明白这其中的误会了吗？

聪明的囚徒

很久很久以前，某国国王想要处死一批囚徒。在当时，处死囚徒的方法有两种，一种是砍头，还有一种就是绞刑。那要如何处死这些囚徒呢？国王想出了这样一个方法：他让囚徒在被处死之前讲一句话，如果所讲的这句话是真话，那么就被处以绞刑，如果囚徒所讲的话是假话，那么就被处以砍头。如果囚徒说的话不能马上验证真假，那么就要被视为所说的话是假话而砍头，如果囚徒不讲话，那么就被视为讲了真话处以绞刑。所以囚徒们不是被砍头就是被绞死。不过，在众多囚徒当中，有一个头脑非常灵活的年轻人，当轮到这个年轻人讲话的时候，他说了一句极其巧妙的话，结果迫使这个国王既不能将他砍头也不能将他绞死，只好将他放了。那么，聪明的你能推断出这个年轻的囚徒讲了一句什么话吗？

时钟打点

某地一建筑物上方有一座报时的大钟，大钟每到整点就会进行打点报时，几点就打几下，每两下之间相隔 5 秒钟，自然到 12 点的时候，打点的时间就会很长。那么，从打点开始，你知道最少需要几秒钟的时间，才能推断出是 12 点了呢？如果想要知道是 6 点了，又要用多少秒呢？

▶ 真的没有时间吗

苏菲的丈夫是一个非常懒惰的人，从来不想着外出赚钱，家里只靠着苏菲一个人的工资来维持最基本的生活支出。一天，苏菲和丈夫说："你应该出去赚钱，不应该只是懒在家里。"可苏菲的丈夫却给苏菲列了一张作息时间清单，上面的内容大致是这样的：

一天睡眠要 8 个小时，一天 24 个小时，那么，一年的睡眠时间就是 122 天；

每个礼拜要休息两天（星期六、星期日），那么，一年中休息的时间就要 104 天；

不可能一年都忙忙碌碌，我需要假期，外出旅游放松，时间约为 60 天；

每天要吃饭，早、中、晚三餐，每餐 1 小时，一年中吃饭的时间需要 45 天；

每一天要有 2 个小时的娱乐时间，看书、看报等，一年需要 30 天。

这样，将这些"必需"的时间相加起来，一年就需要花费 361 天的时间，可一年只有 365 天的时间，我怎么能有时间工作呢？

问，苏菲的丈夫真的有这么忙吗？他真的没有时间工作吗？

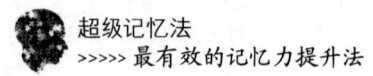

思维游戏答案

◎ 空中的战机

答案是空中共有 5 架战机，它们排成的队形是"人"字形。

相信很多朋友在看完这个题目之后，就开始不自觉地拿出演算本准备在纸上画出你的答案。可这道题又偏偏不让借助草稿纸的帮忙。其实，这道题主要考查的就是思维的能力。在大脑中根据题中罗列出的条件进行想象，从而在大脑中形成一个画面。聪明的你想到正确的答案了吗？

◎ 复杂而简单的算式

算式答案是 6666。

这道题考查的是我们的思维能力，算式特意将"乘"、"除"放在"加"、"减"的后面，又特意将方便计算出结果的"6666÷6666"放在最后。所以说，算式虽然看起来很复杂，但要是找对了运算的方式与过程，实际上是非常简单的一个算式。

◎ 他们的职业各是什么

小刘是教授，小李是 CEO，小陈是高级警官。

根据题中所叙述的条件，我们最先可以做出这样的分析：题中说"教授的年龄要比小李的年龄小；小陈的年龄和教授的年龄不一样"，所以说，教授只能是小刘；也就是说，教授的年龄要比高级警官的年龄大，而教授的年龄又比小李的年龄小，所以推导出，小李不是高级警官，而是 CEO，确定了小刘和小李的职业，从而得知，小陈是高级警官。

这道题主要考查我们的分析能力，因为在记忆的过程中，当我们需要记忆一些篇幅比较大的文章或者材料的时候，往往会采用提炼纲要的方法来帮助我们记忆。而提炼纲要的首要前提就是，要学会分析材料。所以说，我们在日常生活中，可以多做一些提高我们分析能力的思维题，从而帮助我们提升记忆能力。

◎ 找到数字间的内在联系并快速记忆

仔细观察这组数字，你会发现，这组数字可以被分成以下四组：

第一组，个位数是"4"，而十位数则分别为"1"、"2"、"3"——14、24、34；

第二组，个位数是"9"，而十位数则分别为"3"、"4"、"5"——39、49、59；

第三组，个位数是"6"，而十位数则分别为"7"、"8"、"9"——76、86、96；

第四组，个位数是"2"，而十位数则分别为"3"、"6"、"9"——32、62、92。

其实这道题主要是让我们学会利用分类的方法来帮助记忆，从而方便我们的记忆。通过这道题我们可以发现，原本是毫无顺序、毫无关联的一组数字，在经过某种方式的划分之后，使我们的记忆变得清晰简单。所以，当我们面对一些比较杂乱的材料时，先不要着急去着手记忆，要对材料仔细观察，然后从中找到最简单的记忆方法。

当然，针对这道题而言，这组数字要进行怎样的分类，并没有绝对的要求，完全可以按照自己的习惯去对这组数字进行分类，只要是有助于自己记忆的分类都可以。

◎ "口"的组合

相信很多朋友在看到这道题的时候，一定会非常认真地开始回忆自

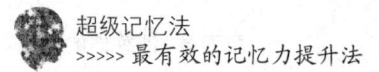
己所学习过的汉字，然后想哪些汉字是由"口"组成。

其实，这道题的关键就是题中最后所给我们的提示：组字的时候一定要灵活。所以说，我们在回忆所学习过的汉字时，也不可以太过死板。下面，让我们来看一组答案：

一"口"："口"；二"口"："日"；三"口"："目"；四"口"："田"；五"口"："吾"（"五"和"口"组成的汉字）；六"口"："晶"；七"口"："叱"；八"口"："只"；九"口"："曹"；十"口"："叶"。

这道题主要是训练我们对汉字的记忆。同时，回答的方式也非常的灵活，并不是死板地按照单纯由"口"字组成的汉字来回答。所以说，无论是做记忆训练还是解决其他思维类的问题，我们在解决的时候一定要做到绝对的灵活，这样才能将我们头脑的潜力发挥到最大。

◎ 奇怪的绳子

答案很简单，绳子原先是一个绳圈。所以将绳子从中间剪断之后仍然还是一根。这道题考查的是我们看待事物的灵活程度，就拿记忆的方法来说，很多人在运用记忆方法进行记忆的时候，往往过于死板，无论记忆什么都喜欢用一种记忆的方法，其实，记忆的方法有很多种，只要我们在记忆的时候善于去发觉，找到最适合自己的，就能将记忆发挥到最佳。

◎ 推算出5的数值

答案非常简单，5＝1，因为在题的最初已经告诉了我们，1＝5，所以5＝1。

这道题考查的是我们观察事物的细心程度，通过细心的观察，你会发现，其实很多问题都没有想象中的那么难。

◎ 词语的记忆

当我们在记忆这些词语的时候，可以采用分类记忆的方法，从而提升我们的记忆效果。

首先，我们可以按照这样的方式对这些词语进行分类。

服饰类：茄克、皮鞋、领带、裤子；

军事用品：机枪、坦克、火炮、军舰；

其他类：钢笔、筷子、政治、山脉。

经过这样的分类之后，当我们在记忆的时候，就方便了很多，只要想到这些分类，就会轻松地将词语回忆出来。

◎ 青蛙跳井

答案是 10 天。

相信很多人在思考这个问题的时候，一定感觉这个问题特别的简单：白天上升 3 米，晚上下降 2 米，就相当于每天上升 1 米，那么，井壁高 12 米，所以 12 天之后小青蛙可以爬出井外。如果你这样想，那么，就掉进这道题为你设计的陷阱里了。这只青蛙每天白天上升 3 米，晚上下降 2 米，的确每天上升的净高度是 1 米，但是，这只小青蛙在第 9 天晚上的时候，上升的总净高度是 9 米，而等到第 10 天白天的时候，可以上升 3 米，9＋3＝12。故，小青蛙在第 10 天白天的时候，就可以跳出井外，体验外面的鲜活世界了。

◎ 怎样拿到最大的钻石

其实方法很简单，当你来到 1 层开始坐电梯的时候，你就可以将 1 层电梯门前的钻石拿到手中，到了 2 层之后，如果发现 2 层的钻石比手中的钻石大，那么就将手中钻石放到 2 层电梯门前，然后拿着 2 层电梯门前的钻石继续往上走。遇到大钻石就换掉，遇到小的就继续往上走。直到从第 20 层电梯走出。

◎ 找规律猜数字

通过观察，我们可以发现，这组数字的规律是这样的：后一个数字是前一个数字的解释。即，11 表示前一个数字是"1"个"1"；21 表示的是它前一个数字 11 是"2"个"1"；1211 表示的是，它前一个数字 21

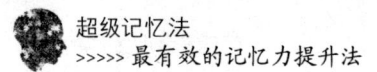
是"1"个"2","1"个"1"；111221 表示的是，它前一个数字 1211 是
"1"个"1","1"个"2","2"个"1"。

综上分析，我们可知 111221 后面的数字是 312211，即"3"个"1"，
"2"个"2","1"个"1"。

◎ 牛奶杯中的咖啡多还是咖啡杯中的牛奶多

答案是一样多的。因为虽然经过了这样两次搅拌，但是各杯的总容
积并没有发生改变。那么，这两次的搅拌，两杯中的液体发生了怎样的
变化呢？下面，让我们来慢慢分析下。首先，牛奶贡献了 1 勺的牛奶给
咖啡杯，经过充分的搅拌之后，这杯混合物中的咖啡和牛奶已经得到了
充分的混合。然后再从这杯混合物中舀一勺放入牛奶杯中，这时，放入
牛奶中的咖啡量必然是牛奶融在咖啡里的量。所以说，咖啡杯中的牛奶
容量恰好等于牛奶杯中的咖啡容量。

◎ 快速填写

答案如下：

3	2	3	1	2	1
瓶	入	瓶	答	入	答

这道题考查的是我们的瞬时记忆能力，大脑将这些译码迅速地转化
并记忆，然后再整理输出。其实这道题并不是毫无窍门可寻。当你在做
这道题的时候，可以先熟练"123 答入瓶"这样的规律，然后在填写的时
候，在脑海里重复这个转换的过程，最终迅速准确地将这个表格填写
完成。

这道题只是瞬时记忆比较简单的一种练习方式，随着记忆力的不断
强化，你完全可以逐渐练习一些难度比较大的题目。

◎ 请在"人"上添几笔

答案是：大，天，夫，太，犬，今，木，尺，个，介，从，队，

欠，火。

这道题考查的是我们对汉字的记忆，就是以"人"字为"字根"，然后在上面增添笔画组成新字。我们知道，我国的汉字繁杂多样，当我们学会了一个汉字，可能很长一段时间都用不到。所以就很容易产生遗忘。那么，我们就可以利用这种做游戏的方法，来帮我们巩固对汉字的记忆，从而减少我们的遗忘。

◎ 奇怪的三位数

这个三位数是 504。

这道题考查的是我们对数字的敏感程度，我们知道，对于一些简单的加、减、乘、除法来说，我们都能够比较容易地就计算出结果，比如说"$99 \div 9 = 11$"这类的算式，我们完全不需要计算就可以得出结果，因为它的结果早就已经记忆在了我们的脑海。可如果对于一些比较"拐弯"的算题，可能我们在求结果的时候就需要借助草稿纸的计算，这是因为我们的大脑里对这些算式的结果并没有产生过任何的记忆。所以说，我们通过这道题的练习，加深我们对某些算式的记忆，加强对数字的敏感程度，从而方便我们对数字的记忆。

◎ 猜汉字

答案是"1"代表"氏"；"2"代表"日"；"3"代表"辰"；"4"代表"寸"；"5"代表"身"；"6"代表"月"；"7"代表"巴"。

那么，解决这道题的思路是怎样的呢？首先，让我们来根据题中所给的条件，逐一分析。

题中条件告诉我们说，"1"在上，"2"在下，组成了一个意思是"日落"的汉字。即，有这样一个汉字，它的意思是"日落"，且还是上下结构。这样一想，你的思路是不是就豁然开朗了呢？如果你掌握绝对多的汉字，且对每个汉字都有着牢固的记忆，那么，你会轻松回答出，这个汉字是"昏"，从而得到"1"代表"氏"，"2"代表"日"。

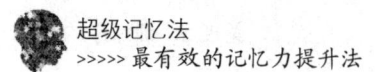

顺着这样的思路，我们继续来分析题中所给的条件："2"在上，"3"在下，组成了一个意思是"日出"的汉字。也就是说，有这样一个汉字，它的意思是"日出"，且是上下结构，而且根据前一个条件，我们还可以知道，这个汉字是"日"字头。于是，我们轻松得出这个汉字是"晨"，从而得到"3"代表"辰"。

再接着分析，"3"在上，"4"在下，组成了一个意思是"欺侮"的汉字，上下结构，上面是"辰"，那么，这个汉字就为"辱"，即"4"代表"寸"。

我们继续分析，"4"在右，"5"在左，组成了一个意思是"瞄准击发"的汉字，左右结构，右面是"寸"。那么，这个字应该是"射"。从而得到"5"代表"身"。

最后，"6"在左，"7"在右，组成了一个意思是"丰满"、"胖"，结构是左右结构的汉字。那么我们完全可以轻松想到这个汉字是"肥"。

所以，经过以上的分析，我们得出了7个数字分别代表的汉字是："氏"、"日"、"辰"、"寸"、"身"、"月"、"巴"。

这道题主要是巩固我们对汉字的记忆，我们知道，当我们学习完一个汉字之后，可能很久都不会用上，这样就可能对汉字产生遗忘。针对这样的情况，我们就可以经常练习一些类似于这样的思维小游戏，从而巩固我们的记忆。

◎ 写成语

同床共枕、勇往直前、下落不明、披星戴月、五光十色、半信半疑、一无是处、惊天动地、纸上谈兵、饱经风霜、举一反三、垂头丧气、喜出望外、明目张胆、清风明月、低眉顺眼、百尺竿头、不假思索、一见如故、衣锦还乡。

这道题考查的是我们对成语的记忆，生活中，对于一些已经学习过的成语，我们可能会一时半会儿用不上，时间久了，就会遗忘。那么，

我们就可以多做一些这样的游戏，巩固下我们的记忆，娱乐间，使我们的记忆更加的牢固。

◎ 添同一个汉字

各添一个"口"字，这六个字就变成了"日"、"旦"、"亘"、"吾"、"电"、"舌"。

这道题考查的依旧是我们对汉字的记忆，经常练习这类的游戏，可以有效地巩固我们对汉字的记忆。

◎ 是与不是

热狗不是狗；天书不是书；电池不是池；马虎不是虎；懒虫不是虫。

这道题考查的是我们的发散思维，在记忆训练中，只要能较好地掌握发散思维，那么，我们的记忆也会变得容易很多。当然，针对这道题来说，它并没有确切的答案，只要是符合题意的，都是正确的，就像是我们选择记忆方法，只要是适合我们自己的，都是有效的。

◎ 伞的缺点

这道题考查的是我们的发散思维，帮助我们从多方面考虑事物。当然，这道题并没有确切的答案，只要符合题意的答案都算是正确。下面，我们来列举几个比较大众化的答案：

1. 伞比较容易刺伤人；

2. 当我们拿伞的时候，只能用一只手来做事，非常的不方便；

3. 如果是雨天打伞出门，当我们走进一些公共场所的时候，收起的伞没有那么快沥干雨水，很容易弄湿别人，这一点非常的不方便；

4. 伞比较脆弱，伞骨的部分比较容易折断；

5. 伞布透水；

6. 折叠伞虽然有效地缩小了伞的体积，但是每当我们开伞收伞的时候都不够方便；

7. 伞的样子比较单调，在不影响其功能的前提下，应该多设计几种样式；

8. 晴雨两用伞在使用时不能兼顾。

以上是几种比较常见的答案，当然，相信聪明的你一定可以想出更好的答案。

◎ 帽子的问题

答案是有 3 个人戴着黑色的帽子。

这道题我们要通过不断假设的方式来帮助我们找到答案。首先，我们可以假设一共有 N 个人戴着黑色的帽子，当 N＝1 的时候，戴着黑色帽子的人看见别人的帽子都是白色，那么一下就可以断定自己的帽子颜色是黑色，如果是这样，那么第一次关灯的时候就可以听到拍手的声音。但实际上却并没有听到，由此可以判断出 N＞1。

再分析，对于每一个戴着黑色帽子的人来说，他们都能看到（N－1）顶黑色的帽子，并由此假定自己戴的可能是白色的帽子。但等到第 N－1 次关灯时还没有人拍手，那么，这时每个戴黑色帽子的人就有可能知道自己戴的帽子颜色是黑色的了。所以说，第几次关灯后有拍手的声音，就说明房间里一共有几个人戴着黑颜色的帽子。

这道题考查的是我们的分析能力，而分析力对于我们的记忆来说有着非常重要的作用，拥有一个好的分析能力，是拥有一个好的记忆能力的必须，所以说，日常生活中，我们可以多做一些提高分析能力的小游戏，来帮助我们提升记忆能力。

◎ 过河

首先，在解决这道题之前，我们需要了解题中的这句话："任何情况下衙役的人数都不能少于犯人的数量"，也就是说，衙役和犯人在一起的时候，最少也要彼此人数相等。

清楚了这句话之后，我们便可以按照这样的限制条件来逐一安排过河顺序。过河共分 7 次：

第1次：一名衙役押一个不会划船的犯人过河，过河后，衙役返回；

第2次：命令两个犯人划船过河，然后让会划船的犯人单独回来；

第3次：两名衙役划船过去，然后衙役押一个犯人回来。

第4次：衙役押会划船的犯人过河，然后再把不会划船的犯人带回来；

第5次：两名衙役过河，并命令会划船的犯人回去；

第6次：会划船的犯人带一个不会划船的犯人过河再单独返回；

第7次：会划船的犯人再次带一个犯人过河。

这道题考查的是我们的细心与分析、策划能力，当我们在记忆大量知识的时候，可能会用到"提炼纲要"的记忆方法，而这时，就需要我们有一定的分析能力、策划能力。所以说，生活中，我们可以多做些这类思维题，提升我们的思维能力，帮助改善我们的记忆力。

◎ 当"1"遇到"1"

$1 \times 1 = 1$；

$11 \times 11 = 121$；

$111 \times 111 = 12321$；

$1111 \times 1111 = 1234321$；

$11111 \times 11111 = 123454321$；

由此找到规律，$1111111 \times 1111111 = 1234567654321$。

这道题的解题关键就是能够从中找到规律，而当我们在记忆的时候，通常也需要找到事物的规律，从而方便记忆。所以说，多做一些思维题，不仅让我们变得更聪明，还会让我们变得记忆力超群。

◎ 盲人分袜子

这道题考查的是我们的分析能力与解决问题的灵活性。首先，我们该这样考虑，甲和乙虽然没有视觉，但有触觉，可以通过"摸"来分辨事物，且题中有这样一个条件："每双袜子都有一个商标相连接"，又因

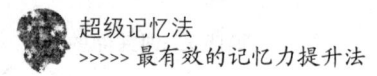

为，甲和乙所买的袜子数量是一样的，这也就是说，我们将每一双袜子拆开，分别给甲、乙各一只。最后将袜子全部"平分"，这时甲和乙的袜子就是各自4只白袜、4只黑袜，即2双白袜、2双黑袜。

通过这道题我们应该明白，无论是解决问题还是记忆事物，都不应该太过死板，要做到灵活，懂得变通。这样才能更有效地方便我们去记忆，提高我们的记忆效率。

◎ 找相同点

这道题考查的是我们对事物的观察能力，同时，这道题也并没有唯一的答案，只要符合常理，都是正确答案。下面，我们列举一些比较常见的答案：

相同点一：这两组数字都是由阿拉伯数字组成；

相同点二：两组数字中，每一组里面都有4个数字；

相同点三：两组数字中，均为正数；

相同点四：两组数字中，均为整数；

相同点五：两组数字中，每组数字相邻的两个数字差都为"2"。

当然，这两组数字的相同点一定不止这5点，只要你具备非凡的观察能力，相信你一定可以找出更多的相同点。

◎ 填写唐诗

1. 鸳鸯；2. 蝴蝶；3. 蝙蝠；4. 骆驼；5. 鹦鹉；6. 蜻蜓；7. 凤凰。

这道题考查的是我们对唐诗的记忆。学生时代，我们会学习各种各样的唐诗，但因为生活中并不常用到这些诗句，所以时间一久，我们的记忆可能就会出现遗忘。针对这种情况，我们在日常生活中就可以多做一些类似于这种填字游戏的思维题，帮助我们回忆古诗，巩固我们的记忆。

◎ 拿糖果

针对这道题来说，考查的是我们逆向思维的能力，在解决这道题的时候，如果我们按照正常的思路去一点一点解决，那么将会给解决这道题带来很大的难度，所以说，在解决这道题的时候，需要用到逆向思维。

首先我们这样考虑，如果这堆糖拿到最后的时候，只剩下6块，且轮到对方拿，那么，无论对方怎样拿，你都一定会拿到最后一块糖，理由很简单，因为每个人在拿糖的时候最少拿1块，最多拿5块。清楚了这样的思路之后，我们便可以将100块糖进行分组，每组6块，最终分成17组余4块。而余出来的这4块糖，就是你第一次要拿的数量，然后接下来，无论对方每次拿几块糖，你只要跟着拿6－N块糖就可以了。这样就保证你可以轻松拿到最后一块糖。

解决这道题的时候，我们运用了逆向思维，锻炼了我们思维的灵活性，而思维的灵活性也正是记忆力组成的一部分，只有思维做到够灵活，我们的记忆才能做到最高效。所以说，生活中可以多做一些思维题，练习我们思维的灵活性。

◎ 找"10"

这道题主要考查的是你的专注力，我们知道，专注力对于记忆力的提升来说，也是非常重要的，所以说，日常生活中，我们可以多做一些类似于这样练习专注力的习题，帮助提升专注力，从而提高我们的记忆力。

◎ 找出不同字

这道题也是对专注力的练习，在A组中，大量的"批"字中间夹杂了7个"比"字；B组中，大量的"波"字中夹杂了8个"披"字；C组中，大量的"竖"字中夹杂了8个"坚"字；D组中，大量的"告"字中间夹杂了8个"浩"字。

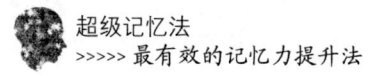
◎ **巧排队列**

答案很简单，排成一个六边形就可以了。

这道题主要考查的是我们的创造性思维及对空间的想象力。我们知道，当我们在利用记忆方法帮助我们记忆材料的时候，往往出色的想象力会为我们的记忆提供很大的帮助。针对这种情况，我们在日常生活中，就可以多做一些对想象力有帮助的训练，从而使我们的思维变得更加的灵活，记忆变得更加的轻松。

◎ **转动的圆环**

无论小圆环在大圆环的内部还是外部，其自身转动的周数都是2周。这是因为小圆环所走过的路径都是大圆环的周长，而大圆环的周长是小圆环周长的2倍，所以小圆环自身转动2周。

这道题考查的是我们思维的想象力，多做些锻炼想象力的思维题，有助于我们在记忆的时候进行海阔天空的联想，从而方便我们的记忆。

◎ **取水**

这道题考查的是我们逻辑思维的能力，其实要想利用5升和6升的桶取到3升的水，只需要4个步骤就可以了。

第一步，我们可以先将5升的桶装满水，然后再将水全部倒入6升的桶中。这样一来，6升的桶中就有了5升的水。

第二步，再将5升的桶装满水，然后将5升桶中的水倒入6升桶中，倒满为止，这样一来，5升桶中就有了4升的水。

第三步，将6升桶里的水全部倒掉，再将5升桶中剩余的水倒入6升桶中，这时，6升桶中就有了4升的水。

第四步，将5升桶装满水，倒入6升桶中，倒满为止，这样一来，5升桶中就剩下了3升的水。得到了我们想要的答案。

◎ **排序**

这道题考查的是我们大脑的灵活程度，看似不可能的问题，其实答案非常的简单。题中告诉我们，桌子上的6个杯子是前3杯满水，后3杯为空，现在想要将满水的杯子和空杯子间隔起来，前提是只能移动一个杯子。可能很多人看完这个问题之后会将思考重点放在"如何移动杯子"上，其实，你只要能正确理解题中所说的"移动"，那么这道题解决起来是非常简单的。

我们可以将第2个杯子中的水倒入第5个杯子中，然后将杯子放回原处。这样一来，我们只移动了一个杯子，便将盛满水的杯子和空杯子间隔起来了。

通过这道题我们应该明白，无论是解决生活中的问题还是去记忆一些比较复杂的材料，我们不要总是将我们的思路禁锢在某一个点上，这样往往费时费力，最终又得不到理想的结果。所以说，思维放得开一些，头脑灵活一点，最终会让我们收获事半功倍的效果。

◎ 房间里的灯

很多人认为这道题没办法解决，是因为在思维上形成了一个定势——判断灯的控制开关，只能通过肉眼来判断。如果你要是这样想，那么，这道题则没有办法解决。所以说，我们要"跳出"思维定势来解决这个问题。

我们知道，电灯如果开时间久了，灯泡就会发热，如果想到了这一点，那么我们就找到了解决问题的突破口，我们完全可以通过灯泡的热度来判断灯泡所对应的开关。

首先，我们在房间外先随便打开两盏灯的开关，几分钟之后关掉其中的一盏，然后打开房门走进房间，亮着的灯自然对应打开的开关，剩下两盏没有亮的灯，用手摸一下，哪一个热，哪一个就是由刚刚关掉的开关控制，剩下的最后一盏则是由一直没有开过的开关控制。

◎ 诚实国与说谎国

这道思维题的思考方式其实很像数学中的某种运算，我们知道，在

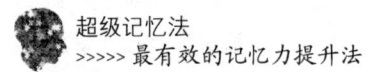

诚实国与说谎国之间，往往说假话的人会欺骗到我们，但是说真话的人对结果是没有任何影响的，这就好比是数学中一个正数和负数之间的乘法，正数对结果没有影响，有影响的就是负数。清楚了这个思路之后，我们在解决这个问题的时候就容易多了，只要我们能使两个相反的答案形成一个统一的结果，那么，就可以轻松找到正确的方向，现在，我们可以这样问："如果我问对面那个人，应往哪边走，他会怎样告诉我？"这样一来，我们只需要按照回答的相反方向去走就可以了。

◎ 烤面包

这是一道考查思维能力的智力题，为了方便理解，我们将三片面包分别标记为 A、B、C，然后用 1 和 2 分别代表面包的两面。明明的妈妈之所以用了 4 分钟将这些面包烤完，一定是因为在烤面包的过程中，面包机里出现了"空"的现象。什么意思呢？就是说，她一定是首先将 A、B 两片面包一块烤好，一共花了 2 分钟时间，然后再烤 C 面包，正反面各用 1 分钟，又花了 2 分钟时间，3 片面包，共花了 4 分钟的时间。那么，要想节约点时间，就应该让面包机的烤箱里一直保持"满"的状态。首先，我们将 A、B 面包放进烤箱中，烤 A1、B1 面，烤好之后，将 B 面包翻面，A 面包拿出，C 面包放入，烤 B2、C1 面。烤好之后，将已经完全烤好的 B 面包拿出，放入烤了一半的 A 面包和 C 面包，这样，面包机里烤的就是 A2、C2。这样，面包机里一直没有出现"空"的现象，共烤3 次，花费 3 分钟时间，面包全部烤好。

◎ 谁偷了金条

这道题考查我们逻辑推理的能力，根据题中所说，4 个嫌疑人中，只有一个人说了谎话，那么，我们只需要将这 4 个人所说的话进行整理，看谁讲的话与其他人矛盾就可以了。通过分析我们可以发现，嫌疑人 C 和嫌疑人 D 两个人的话有着明显的矛盾，说明，说谎者不是嫌疑人 C 就是嫌疑人 D，而其他人说的都是实话。这样一来，我们就可以通过嫌疑人 A 的话判断出，偷金条的人是嫌疑人 D。

◎ 巧分金条

读完题后我们应该这样理解这道题。7 天支付一根金条，且每天都需要是等量，也就是说，每天需要支付给工人 $\frac{1}{7}$ 段金条。但金条只能被截断两次，说明，金条最多只能被分成三段。清楚了题中条件之后，让我们来看下该如何分这一根金条。

我们可以将金条分成这样三段，整根金条的 $\frac{1}{7}$，整根金条的 $\frac{2}{7}$，整根金条的 $\frac{4}{7}$。

第一天，给工人 $\frac{1}{7}$ 段的金条；

第二天，给工人 $\frac{2}{7}$ 段的金条，并将 $\frac{1}{7}$ 段的金条拿回，就相当于给了工人 $\frac{1}{7}$ 段的金条；

第三天，给工人 $\frac{1}{7}$ 段的金条；

第四天，给工人 $\frac{4}{7}$ 段的金条，并将 $\frac{1}{7}$ 段和 $\frac{2}{7}$ 段的金条收回；

第五天，给工人 $\frac{1}{7}$ 段的金条；

第六天，给工人 $\frac{2}{7}$ 段的金条，并将 $\frac{1}{7}$ 段的金条拿回；

第七天，给工人 $\frac{1}{7}$ 段的金条。

就这样，我们巧妙地运用了数字之间的"和"与"差"，将金条均分成了"7 份"。

◎ 填诗句（1）

将表格补充完整，分别对应以下 7 句诗：

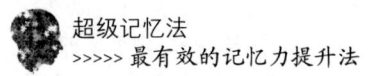
1. 春色满园关不住；

2. 青春作伴好还乡；

3. 湖上春来似画图；

4. 况遇新春胜利年；

5. 昭苏万物春风里；

6. 多栽红药待春还；

7. 百花齐放冬争春。

◎ 填诗句（2）

将表格补充完整，分别对应以下 5 句诗：

1. 春帆细雨来；

2. 城春草木深；

3. 兰叶春葳蕤；

4. 杨柳贺春来；

5. 潮满九江春。

这两道题考查的是我们对诗句的记忆，因为日常生活中，如果我们不去刻意地复习，则很少会有机会去"运用"我们所学习过的诗句。所以，这类题目可以帮助我们有效地巩固学习过的诗句，防止诗句的遗忘。

◎ 谁在说谎

这道题主要考查我们的逻辑思维能力。根据题中条件我们知道，这 3 个人中只有一个人说了真话，3 个嫌疑人的供词中，一号和三号的供词明显矛盾，这说明，这两个人中肯定一人说了真话一人说了假话。也就是说，二号嫌疑人说的一定是假话，他说不是他偷的，反过来就是他偷的，所以，偷盗者是二号嫌疑人。

◎ 调准时间

这道题考查的是你头脑的灵活程度，题中的晨晨很灵活地运用了"时间差"这个概念。晨晨在临去花花家时，看了下时间不准确的时钟，

时间为 T_1；到了花花家之后，第一时间看了下花花家钟表的时间，T_2；离开花花家之前，看了下花花家钟表的时间，T_3；回到奶奶家，看了下时间不准确的时钟显示时间为 T_4。然后，根据这四个量，可以求出晨晨花在路上的时间 T 为 $(T_4-T_1)-(T_3-T_2)$。然后根据这个时间 T 便可以求出准确的时间：$T\div2+T_3$。

◎ 糊涂的店员

这道题考查的是你的细心，题中的糊涂店员之所以会少收 1 元钱，是因为没有搞清楚"平均数"的概念，一个大面包的价钱应该是 0.5 元，一个小面包的价钱应该是 $\frac{1}{3}$ 元钱，每 2 元钱可以买到 3 个小面包和 2 个大面包。也就是说，30 个小面包只能搭配 20 个大面包来卖，花费 20 元。剩下的 10 个均为大面包，应该按照每个 0.5 元的价格来卖，但是店员却依旧按照每 5 个 2 元钱的价钱卖，结果损失了 $10\times0.5-10\times5\times2=1$ 元钱。

◎ 聪明的囚徒

这道思维题考查的是我们逻辑推理的能力。这个年轻人说的话是："要对我砍头。"怎么思考这道题呢？

首先我们可以这样想，要想说出一句不被处死的话，那么就要说一句很"矛盾"的话，也就是说，这句话说出来，没有办法执行国王原来的决定。年轻人说的"要对我砍头"这句话使国王左右为难，如果真的将他砍头，那么就证明年轻人说的是真话，按照国王原来的决定，就应该把他绞死；如果将年轻人绞死，就证明这个年轻人说的是假话，按照国王原来的决定，就应该将他砍头。这样一来，国王既没有办法将这个年轻人处以砍头，又没办法将这个年轻人处以绞刑，所以只能将他放了。

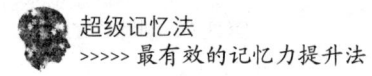

◎ **时钟打点**

这道题考查的是我们实际验证思维的能力。题中告诉我们，到 12 点的时候，大钟打点的时间最长，那么一般人都会想到，时钟打 11 下后，如果还有继续打点的迹象，就说明已经是 12 点了。即，需要 11×5＝55 秒钟的时间。

第一问很简单，几乎百分之百的人都能准确地回答出来，然而第二个问题可能就会有很多朋友回答错了，他们会按照第一个问题的解答思路，继续回答这个问题：要想知道是 6 点，则需要 5×5＝25 秒钟的时间，如果你也这样回答，那么就错了。为什么呢？首先让我们回看第一个问题。

我们之所以可以通过大钟敲击 11 下判断出已经到了 12 点，是因为 12 点之后不会再敲第 13 下。然而 6 点则不一样，因为 6 点之后还会有 7 点，8 点……大钟在敲完第 6 下以后，可能还会继续往下敲。所以说，要想知道是不是已经 6 点了，我们必须要等大钟完全敲完 6 下之后才能做出准确的判断。

通过这道题我们应该明白这样一个道理，很多问题的答案很相似，但是却并不完全相同，就像是记忆的方法，或许记忆历史材料的时候我们适用于这种记忆方法，但记忆政治材料的时候这种记忆方法可能就已经不灵验了。又或者，这种记忆方法适合于甲的大脑，可却并不代表它也适合于乙的大脑。所以说，当我们在记忆事物的时候，一定要选择最合适的方式、最适合自己的记忆方法，这样才能最高效地完成材料的记忆。

◎ **真的没有时间吗**

这道题考查的是我们思维的"全面性"，考查我们对事物的"聆听"是不是足够的细心。读完题目，看似"忙碌"的丈夫当然是有时间工作的，他所谓的"没有时间"，不过是对妻子苏菲所要的一个小伎俩罢了。

从他的说辞中，我们可以发现这样一个问题，就是他不止一次地将所用时间进行了有重叠的分类。比如，在他所谓的"休假时间"里，就包含了吃饭、睡觉、娱乐等时间，但是他却统统将这些时间叠加计算了一遍。将自己的生活伪装得很"繁忙"，其实，那只不过是他为了逃避外出赚钱所推脱的说辞罢了。